王溢嘉／著

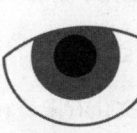

拍案惊奇 变态真相故事集

The secret of
abnormal psychology

变态心理揭秘

台海出版社

图书在版编目（CIP）数据

变态心理揭秘 / 王溢嘉著 . -- 北京：台海出版社，2018.9
ISBN 978-7-5168-1869-5（2023.10 重印）

Ⅰ.①变… Ⅱ.①王… Ⅲ.①变态心理学—研究
Ⅳ.① B846

中国版本图书馆 CIP 数据核字（2018）第 209455 号

著作权合同登记号 图字：01-2018-5861

变态心理揭秘

著　　者：王溢嘉

责任编辑：刘　峰　贾凤华　　　　　装帧设计：异一设计
责任印制：蔡　旭
版权支持：锐拓传媒 copyright@rightol.com

出版发行：台海出版社
地　　址：北京市东城区景山东街 20 号　邮政编码：100009
电　　话：010 — 64041652（发行，邮购）
传　　真：010 — 84045799（总编室）
网　　址：www.taimeng.org.cn/thcbs/default.htm
E – mail：thcbs@126.com

经　　销：全国各地新华书店
印　　刷：三河市嘉科万达彩色印刷有限公司
本书如有破损、缺页、装订错误，请与本社联系调换

开　　本：710 毫米 ×1000 毫米　1/16
字　　数：198 千字　　　　　　　　　印　　张：15
版　　次：2019 年 1 月第 1 版　　　　印　　次：2023 年 10 月第 2 次印刷
书　　号：ISBN 978-7-5168-1869-5

定　　价：49.80 元

目　录

冷眼与慈悲

武志红

如果怀着猎奇的心理想了解一些不可思议的心理疾病，那么，这本书是最好的选择之一。

这本书的作者王溢嘉是我国台湾著名的心理学科普作家，他用别具一格的文字风格，以心理学的视角解释文化和社会现象，在台湾拥有极高的声誉，其在大陆发行的几部著作都有很高的可读性。

这本书写了四十五个心理故事，有二十六个神经官能症及人格障碍案例，十三个性变态案例和六个妄想症的案例，其中包括心理治疗的开山鼻祖弗洛伊德以及其他一些治疗师的经典案例，每一个故事都有其离奇之处，而且多个故事在心理治疗史上占有重要地位。

不过，这本书的最大价值当然不在其猎奇性。实际上，作者是用相当严谨的态度来写这些故事及其心理分析的，这使得这本可读性极高的著作，完全可以当作高校心理学专业的辅助读物。

同时，因为作者高明的文字驾驭能力，以及对人性的深刻洞察力，这本有不少专业术语的严谨读物，也具备了极高的趣味性和较高的可读性。

此外，如果你是一个敏感的读者，你还可以感受到作者的慈悲心，这给这本书增添了很多看不见的温情。

这种温情非常重要。因为，每一个不可思议的心理故事背后，其实都隐藏着不可思议的苦难。只有真正怀有慈悲心的人，才能真正理解这些故事的深刻之处。

我一直讨厌单纯猎奇性的小说、人文著作或心理著作，因为这些涉及人性的著作，如果沦为单纯的猎奇，那么作者一定是有着"残酷的幽默"，他在讨好我们并博得我们一笑的同时，很可能也会把我们变得更加残酷。

但这本书不会，除非你本来就是一个只喜欢猎奇的人。

关于变态人生的沉默收集

王溢嘉

对于人生，我喜欢做一个沉默的收集者。收集者的一个共同癖好是，对变异品种的兴趣总是要大于正常品种。异常人生所带给我的魅惑，似乎也远胜于正常人生。

异常人生非常多样，本书要谈的是变态心理。收集有很多方式，本书用的是简便的方式。由于所学的关系，我曾短暂地接触过一些心理异常的生命，但更多时候，则是阅读有关变态心理的书写资料。基本上，这是一种"分离的观照"，而非"实质的介入"，这种方式说明了我收集的沉默本质，也界定了本书的档案特性。

本书最初以《变态心理档案》为名在台湾出版。所谓"变态心理档案"，简言之，即是一组"别人不会这样想这样做，而某人却这样想这样做"的惑人的真实故事。这些故事，有些情节极富戏剧性，因而曾被改写成小说或改拍成电影，事实上，所有的变态心理档案都是小说或电影的理想题材。但说它们"理想"，指的并非以某些人的心理痛苦或疯狂行径来作为愉悦大众之材料的工具性价值，而是因为这些当事者的所遇所思所为，无一不是人类生命之忧欢与辛酸、灵魂之幽暗与孤寂、心路之曲折与执拗的真实写照。

但如果只像小说或电影般"说故事"，似乎也不是我的原意。因为故事本身就像一卷卷未经冲洗的人生底片，誊录的只是隐晦的、甚至颠倒的讯息，要看出它们可能的含意，需要一些"心灵显影剂"，所以在每个故事后面，我都又加上了长短不一的"解说"，赋予它们一些理论架构，而且档案的先后顺序，多少也呼应了这些理论架构的脉络，期使读者对变态心理能有一种结构性的了解。

在本书所收集的四十五个案例中，有二十六个属于"精神官能症"，十三个属于"性变态"，六个属于"妄想狂"。做这种选择，主要是因为体质或生理因素在这类疾病中扮演的是较模糊的背景角色，个人的人格及际遇等较居于主导的地位，不管是用精神分析的"心理创伤""未解决的潜意识冲突""心理防卫机制"或行为主义的"错误学习""制约联配"来理解，都成了动态的、具有张力的、令人感慨系之的生命故事。

生活是艰难的，除了性谋杀等少数例子外，这些故事中的主人翁都是在人生旅途中不幸遭遇到某些难题的人。我们可以说，精神官能症是身陷于生命的难题中，而与自己进行的一场痛苦战争；妄想狂是因对生命难题的曲解，而与他人进行的一场虚幻战争；至于性变态，则是一种自然与文化未曾许诺的，自我怀疑的爱。

但人生也是个适应的问题，任何形式的变态心理或异常心理也都具有"适应不良"的意涵，很多患者也都会主动地寻求治疗。本书对治疗此一"实质的介入"保持了相当的"沉默"，这主要是因为我只是一个"收集者"而非"治疗者"；而且，我收集的目的也不是要以这些案例作为人生的"反面教材"。

老子说："知其雄，守其雌。"对于人类生命之忧欢与辛酸、灵魂之幽暗与孤寂、心路之曲折与执拗，我希望读者能和我一样透过这类的收集而有所"知"，同时也有所"守"。

档案 01

父亲病榻边的黑蛇

　　"歇斯底里"的原意为"子宫乱窜"。两千四百年前，医学之父希波克拉底（Hippocrates）认为有一种女人病，起因于受挫的子宫在体内乱窜（性障碍），当子宫跑到喉咙时，病人即会产生窒息感；当子宫跑到脾脏时，病人会变得脾气暴躁。希波克拉底认为治疗这种"歇斯底里"的最佳处方是——结婚。

在似睡似醒中，她看到一条黑色的蛇沿着墙壁爬下来要咬她父亲，她吃惊地想伸出右手挥走那条蛇，但右手臂却像死了般麻木……

O小姐是一个秀外慧中、经常耽溺在白日梦中的二十一岁女性。某年夏天，她挚爱的父亲卧病在床，她不眠不休地照顾着父亲，结果自己竟因而产生离奇的、甚至令人咋舌的怪病。

起初，她只是觉得全身虚弱、脸色苍白、没有胃口，家人认为这是她过度哀伤及劳累所致，但她仍坚持要照顾她的父亲。后来，她因非常严重的咳嗽而自己成了病人，才不得不放弃身为人子的责任。就在自己也卧床休养时，她开始觉得每天一到午后，就感到非常疲惫、渴望休息，然后在黄昏时进入一种恍如睡眠的状态中，醒来后却又变得非常亢奋。

入冬以后，情况不但未见好转，反而接二连三地出现怪异的症状：先是左后脑勺疼痛，然后是视力障碍，觉得房间里的墙壁都好像要倒塌下来。最后，全身多处肌肉发生僵直或麻痹现象：先是颈部的肌肉麻痹，使她要转头时需举起手向后压着头，随着整个背部旋转；然后是右腿发生挛缩与麻痹，接着是右手，然后是左腿，最后是左手（不过手指头都还能动）。

发病后，家人陆陆续续请了不少医师来诊疗，但都不得要领。最后，他们请来了B医师。开始时，B医师无法顺利检查O小姐，因为她见到陌生人接近，就立刻变得非常焦虑。不过B医师倒是注意到了另一个奇怪的现象：

他发现O小姐好像具有两种完全不同的意识状态，在A意识状态中，她认得周遭的环境和人物，表现出忧郁、焦虑的神情举止；但在B意识状态中，她却像变成另外一个人似的，不仅不再认识周遭的一切，而且显得非常亢奋、狂暴，以她不太灵活的肢体及尚能自如活动的手指向接近她的任何人乱抛东西、撕扯自己的床单等，同时也表现出惊慌、害怕的神色，似乎看到了某些令她恐慌的影像（幻觉），譬如将自己的头发、缎带看成是"蛇"而大声尖叫。

这两种意识状态不仅可以互换，而且从一种意识状态变成另一种意识状态毫无预兆可言，说变就变。在开始时，O小姐似乎不知道自己会进入另一种意识状态中，当从B意识状态又回复到A意识状态时，她看着自己凌乱的房间及被撕碎的床单，常抱怨说："是什么人将我的房间弄得乱七八糟！"但慢慢地，她似乎了解到自己有"两个我"，一个是"真实的我"，另一个则是"邪恶的我"，"邪恶的我"常驱使她做一些自己不喜欢做的事。

翌年春天，她又出现了另一种症状：先是在说话时常找不到适当的字眼，然后是不成章法（不符文法），后来是以德语、法语、英语、意大利语等四五种语言来拼凑她要表达的意思（她的母语是德语）；在书写方面也有这种毛病。最后竟变成像哑巴一样，完全说不出话来。

但在春末（三月），她的病情却有了起色，原来麻痹的左手与左腿忽然又能动了，而且也可以开口说话，不过却只能说英语。别人跟她说德语，她却用英语回答，而且似乎对此浑然不觉，常责怪照顾她的护士为什么听不懂她的话。在心情较佳的状况下，她也可以改口说法语和意大利语，但就是无法说德语。

自从O小姐生病后，她就很少再见到她挚爱的父亲，即使见面，时间也很短暂。4月5日，她父亲终于咽下了最后一口气，O小姐在得知噩耗后，悲从中来，又爆发了令人压制不住的狂乱行为，然后陷入木僵状态中。如此持续了两天，才又慢慢清醒过来，看起来似乎平静了许多，但也出现了一些恶化的症状：譬如平日很喜欢花的她，在人家拿一束花给她看时，她说她一次只能看见一朵；而且说在她周遭走动的人看起来都像没有生命的蜡人；除了 B 医师以外，她又变得什么人都不认识。本来还听得懂的德语现在也听不懂了，要和她沟通就必须说英语。

在长期观察后，B 医师慢慢发现 O 小姐的症状似乎有某种规律性：每天一到下午她即昏昏欲睡，进入一种类似梦游的状态中，太阳下山后，她又进入一种更深的、类似睡眠的状态中；也许会真的睡着，但睡没多久，就会开始感到烦躁不安，口里喊着"折磨啊！折磨啊"！好似看到什么令她痛苦的景象（但她的眼睛却是闭着的），有时候还会喃喃自语，虽然不清楚她在说些什么，但似乎在暗示她内心的痛苦。如果在这段时间，她能将它们说出来——即使是语无伦次，那么在清醒过来后，她就会显得较平静，心情较舒坦，而第二天的表现也较正常。

这个周期，事实上是她以前照顾父亲时的起居形态之重演——每天在午后休息、睡觉，然后在入夜后到床边照顾父亲，直到翌日清晨。而她在梦游及昏睡状态中所经历的幻觉，似乎也与她父亲有关，如果有人对她重述她在幻觉状态中所透露的只言片语，她可能会就此编出一个生动的故事来，而这些故事所描述的通常是"一个小女孩正心焦地坐在病床边"这样的场景与内容。

B 医师终于认为 O 小姐在每天黄昏前后所经历的梦游及昏乱，是一种"自我催眠"状态。她在这种状态中，"重新经历"了她照顾父亲时所发生的种种悲痛经验，如果她能将它们说出来，好似得到了某种宣泄，情况就会稍微好一点。

于是 B 医师除了鼓励 O 小姐自己"多说"外，还决定将她催眠。O 小姐是一个理想的催眠对象，在进入催眠状态后，B 医师要她回想自己以前照顾父亲时的点点滴滴，特别是跟她后来出现的各种症状相关的部分，结果有了如下重大的发现：

在某次催眠状态中，O 小姐说她父亲刚卧病在床时，由她和母亲轮流照顾。某天深夜，她在病床边不知不觉睡着了，但不久就惊醒过来，她摸摸父亲的额头，发现他在发高烧，而母亲又因有事而不在身边，她非常焦急但又无计可施。也许是太累了，她竟又蒙眬睡去，右手臂靠在椅背上。在似睡似醒中，她做了一个梦，看到一条黑色的蛇正沿着墙壁爬下来想咬她父亲，她吃惊地想伸出右手挥走那条蛇，但右手臂却像死了般麻木，不听她的使唤。情急中，她注视自己的右手，却发现五根手指变成了五条小蛇！后来蛇的幻影消失了，在极度惊恐中，她想要祈祷，但一时却找不到合适的祷词，最后她想到几句英语发音的儿童诗歌，于是在心里默诵这些诗歌。后来，载着医师来的马车铃声打断了她的祈祷。

第二天，她在庭院玩掷圈环游戏时，将一个圈环丢进小树丛里，当她去捡回来时，一条弯曲的树枝让她想起昨夜蛇的幻影，右手臂也跟着麻痹；以后每当她看到像蛇的东西就产生类似的幻觉和麻痹，它出现的频率越来越高，最后连右脚、左手和左脚也都麻痹了。

又譬如在另一次催眠状态中，O 小姐回想起某夜她坐在父亲的病床边，眼里噙满泪水，父亲突然问她现在几点了，但泪眼模糊的她却看不清楚，她将手表拿到自己的眼前，费了很大的劲才勉强看清楚。在这样看时，手表的表面变得很大，而且她的两眼也斜视着。

从这些催眠经验中，B 医师终于了解到 O 小姐的诸多怪异症状，如肢体麻痹、只能用英语和人交谈、视觉障碍等，原来都肇因于她照顾父亲时令她感到难过的经历。而当 O 小姐在催眠状态中重演这些经历，将它们说出来，并发泄所伴随的情绪后，这些症状也就奇迹般地消失了。

经由这种催眠疗法，O 小姐慢慢恢复了正常，接受了父亲病重及死亡的残酷事实，将对父亲的挚爱留在心里，开始了她的新生。

解说

　　在精神医学史里，O 小姐是一个相当重要的病人，而 B 医师则是 19 世纪末维也纳的名医布鲁尔（J.Breuer）。1895 年，布鲁尔和他的晚辈弗洛伊德（S. Freud）——日后的精神分析鼻祖——合著《歇斯底里研究》（Studies on Hysteria）一书，O 小姐就是该书中的第一个病例（在该书里，她的名字叫 Anna O.）。

　　O 小姐是一个症状相当复杂的歇斯底里病人。人类很早就知道我们现在称为"歇斯底里"（hysteria）的现象，譬如一个好端端的人会突然出现怪异的言行举止，好像变成另一个人似的；或者会突然站不起来、四肢抽搐、对东西视而不见等。对这些奇怪的症状，自古迄今，有很多不同的解释，而其理论的演变正可以说是人类知性发展史的一个小缩影。

　　hysteria 这个词源自希腊文的"子宫"（hystera），"歇斯底里"的原意为"子宫乱窜"。两千四百年前，医学之父希波克拉底（Hippocrates）认为有一种女人病，起因于受挫的子宫在体内乱窜（性障碍），当子宫跑到喉咙时，病人即会产生窒息感；当子宫跑到脾脏时，病人会变得脾气暴躁。希波克拉底认为治疗这种"歇斯底里"的最佳处方是——结婚。

　　但到了中世纪，当将其兴趣从物质层面转移到精神层面时，西洋人对歇斯底里的解释也发生了改变。当时的学者认为，歇斯底里或其他类似的异常乃是非物质力量——如恶魔、女巫等附在病人身上作祟所致，当时的精神病理学经典之作《女巫之锤》对歇斯底里症状的描述虽相当精确，但接下来则是如何诊断与治疗女巫的怪诞言辞。本档案中 O 小姐的某些症状，确实会让人产生这方面的联想。

　　理性主义兴起后，大家的注意力又从精神层面转移到物质层面，歇斯底里逐渐被认为是此时初为人们所了解的神经系统方面的问题。在这方面贡献最大的当推法国的神经学家沙考（Jean-Martin Charcot），他认为歇斯底里症是病人神经系统的一种遗传性变质性作用所致——尽管在人体解剖及显微解剖上都无法发现这种神经系统的变性，但在整个理性思潮及唯物观念下，他却如此相信这一说法。他曾当众示范，以催眠术让病人产生或者解除歇斯底里的症状。催眠术对病人的作用虽是"非物质力量"，不过沙考却认为，病人的"可催眠性"亦是其神经系统毛病的一个病征，并坚称正常人是不可能被催眠的。

在《歇斯底里研究》一书里，布鲁尔和弗洛伊德合写了第一章《论歇斯底里现象的心理结构》，从标题可知，他们两人又尝试将歇斯底里的成因从物质层面转移到精神层面。布鲁尔从对 O 小姐及其他病人的诊疗经验里发现，有相当多的歇斯底里症状乃是来自病人过去的创伤性经验（traumatic experiences）。当心理创伤事件发生时，病人可能处于一种暂时性的意识恍惚或改变状态中（譬如极度惊慌、悲痛、狂乱等），但在完整的意识又告回复时，上述创伤经验及其所伴随的情感却和构成正常人格的意识主体分离，或者说它们成为当事者心灵中的"异物"，这个"异物"就好像郁积在皮肤底层的"脓肿"，而歇斯底里症状就好像"脓肿"引起的红肿热痛。治疗"脓肿"的方法是要切开它，将其内的脓引流出来，而治疗歇斯底里的方法则是让病人回想起作为其"心灵异物"的心理创伤事件，将它"说"出来，并"发泄"该事件所伴随的情感。

但因为这些心理创伤事件是和意识主体分离的，在绝大多数情况下，当事者无法主动回忆起或意识到它们，像 O 小姐这样自行陷入"另一种意识状态"中喃喃自言，泄露她部分的心事，乃是可遇不可求的；较有效的方法是由医师将病人催眠，让病人在可操控的情况下进入"另一种意识状态"中，然后再有计划、有系统地去挖掘埋藏在她记忆底层的心事。布鲁尔用的就是这种方法。

　　O 小姐的症状大体可以分为两大类，一类以肢体麻痹、视觉障碍等身体各器官的功能失常为主，此称为"转化型"（conversion type）症状；另一类则以人格、思想、情感、记忆等精神功能的解离为主，此称为"解离型"（dissociation type）症状。O 小姐是这两类症状兼而有之，但多数病人则以某一类症状为主，而分别称为"转化型"或"解离型"的"歇斯底里精神官能症"（hysterical neurosis）。

　　不管是从历史还是社会的角度来看，歇斯底里症都是我们了解变态心理的一个巨大的水晶球，O 小姐恰似这个巨大水晶球的缩影，下面我们将兵分两路，以生动的病例对这两种不同形态的歇斯底里精神官能症分而述之，尽可能呈现这类病人各种曲折的心路。

档案 02

女歌唱家喉咙里的心事

感觉器官的障碍最常见的是各种不同程度的单侧或双侧的盲、聋，病人虽然抱怨说他的两只眼睛都"瞎"了，但走路却很少跌倒或伤害到自己。若将一杯水放在桌子的边缘，要"瞎眼"的病人自己去拿时，他探出手来，看来虽是在杯子的四周乱摸，但却绝不会碰到杯子让它摔落，在这样有惊无险地乱摸一阵后，他会抱怨说他"拿不到"，而要求别人拿给他。

每当她面对姨父无理的咆哮与指责，而力持镇定、隐忍不言时，就会觉得喉头有一种被抓挠、失去声音的感觉。

一位二十三岁的女歌唱家，不仅人长得貌美如花，声音也宛若出谷黄莺，但美中不足的是她有一个奇怪的毛病：经常在歌唱到一半时，会突然产生一种窒息及喉咙窄缩的感觉，而使声音变得紧张。因为这个原因，她的声乐老师一直不同意她公开演唱。

她不知道自己为什么会有这种毛病。大多数时候，她都唱得很顺畅，但那种窒息及喉咙窄缩感却又会在没有任何前兆的情况下不意出现，无从预防。这种毛病使她的歌唱前途抹上了一层阴影，于是她去请教一位年轻的 F 医师。

F 医师在听了她的病情陈述后，判断她的毛病并非来自声带的器质性病变，而是心理因素造成的；而且，此一心理因素显然埋藏在她的记忆深处（因为她想不起有什么原因）。于是 F 医师用他刚刚习得的催眠术，试图打开她的心扉，挖掘相关的心事。

在催眠后，F 医师终于从她过去的生活经历里找到了造成上述毛病的原因：

这位女歌唱家的双亲很早就过世，她从小就寄居在一位姨妈家里。姨妈有很多小孩，待她还算不错；但姨父却是一个人格相当卑劣的男人，对妻子和儿女都非常粗暴（对她当然也不例外），特别是他经常公然对家中的女仆和保姆表现出"性趣"，更是伤了妻儿的心。孩子们越来越大，这种举止也越来越惹人厌，但在姨父的淫威下，大家都敢怒不敢言，只求眼不见为净。

姨妈死后，年龄最大的她成了表弟表妹们的保护者，她严肃地承担起这个责任，但也小心翼翼地面对这种新角色可能带给她的考验和冲突。她对姨父充满了鄙夷与痛恨，但为了表弟表妹，她又必须强行压抑这种鄙夷与痛恨。就在这个时候，她开始有了喉咙窄缩的感觉。每当她面对姨父无理的咆哮与指责，而力持镇定、隐忍不言时，就会觉得喉头有一种被抓挠、失去声音的感觉。

万般无奈之下，她开始寻求自立之道，希望有一技之长，能早日脱离这种无日无天的焦躁与痛苦环境。结果天从人愿，一位声乐老师如贵人般适时出现，在听了她甜美的声音后，说她很适合做个歌唱家，于是她开始秘密地跟这位老师学唱歌。她经常是在受到姨父的詈骂，喉咙里仍有窄缩感时，就匆匆离家去上她的音乐课；上完课后又匆匆回家，面对可能出现的焦躁与痛苦。

如今，她虽然已搬离了姨父家，住到另一个镇上。但在唱歌时，仍不时会出现窒息与喉咙窄缩感，如果她无法克服这种毛病，那么她的歌唱前途也将化为泡影。

F 医师在知晓她过去的经历后，觉得她的症状乃是对姨父劣行"如鲠在喉"的象征性表现。他给她的处方是要她正视过去这些不愉快的经历，同时学会批评、指责她的姨父，如果有机会，就明白地告诉姨父她对他的真实看法。

在这种心理处方下，她的情况似乎日有改善。但有一天，她又因另一种新的症状——手指尖突然产生令人不快的麻刺感，而来找 F 医师。她说前一天曾以两手手指做一种特殊的伸扯运动，随后每隔几个小时就会在指尖产生上述的麻刺感。虽然伸扯运动也有可能导致麻刺感，但因有上次的经验，F 医师决定再度将她催眠。

在进入催眠状态后，她毫不迟疑、而且几乎按照事情发生的先后顺序，说出从童年至今与手指麻刺感相关的各种经历：

譬如她说在读小学时，曾紧张地伸出双手，让老师用戒尺打她的手心。这种几乎人人都有过的经历，自然引不起医师的注意。但他倒是在病人众多的回忆中，发现了一个较特别的经历：那是她寄居到姨妈家后才发生的，原来她那个坏姨父患有风湿病，有一天，姨父要她替他按摩背部，她不敢拒绝，只得用手指去揉捏姨父的背部。就在这个时候，躺在床上的姨父突然掀开被单，伸手抓住她，想将她按倒在床上。她吓得连忙缩手，逃离姨父的卧室，躲到自己的房间，并将门锁上，好一会儿都不敢出来。

在催眠状态中，她嫌恶地回忆起这件往事，但在医师的追问下，她却不愿意说出当姨父突然掀开被单时，她究竟看到了什么。F医师认为当突然事发时，她的指尖正接触到姨父背部的肌肤，这可能跟她今日指尖的麻刺感有关，但为什么事隔这么多年，才突然爆发出来呢？

在追问之下，才知道病人现在改住在另一个舅舅家里。舅舅对她很好，但正因为如此而引起舅妈的不悦，舅妈怀疑丈夫对这位美丽的外甥女心存不轨；特别是这位舅妈年轻时也颇有艺术才华，但却受限于环境而无法发挥，因此对病人能如愿地在歌唱领域里一展所长，心存嫉妒。由于这种气氛，病人在舅舅家里总是小心翼翼的，于舅妈耳力所及的范围内，她是尽量不唱歌，也不弹钢琴，同时也尽量避免唱歌或弹琴给舅舅听，因为怕舅妈会突然现身，引起她的反感。

就在前几天，她舅舅颇有雅兴地要她弹点什么给他听，她当时以为舅妈出去了，于是坐下来边弹钢琴边唱歌，但想不到舅妈突然一脸不悦地出现在门口。她好像做了什么亏心事被人发现般吓一大跳，连忙合上钢琴，匆匆走开。在这之后不久，她就出现了手指尖麻刺感的症状。

F医师认为，病人早年跟坏姨父的搔背事件虽然已被埋藏在她的记忆深处，但最近跟好舅舅的钢琴事件却又触痛了她，两个事件都和她的"手指"有关，也都代表了一种"心理创伤"，在相因相成下，终于导致了症状的爆发。

本案例中这位年轻的 F 医师就是弗洛伊德（S. Freud）——精神分析学派的创始人，而这个个案就是他早年研究"歇斯底里症"之众多病例中的一个。

这位女歌唱家的症状，比起前述案例的 O 小姐来，可以说单纯得多，纯属"转化型歇斯底里精神官能症"。"转化型歇斯底里精神官能症"患者表现出来的症状以运动系统或感觉系统的机能性障碍为主，但却找不到明显可见的器质性原因（即神经系统方面的病变），而且若仔细观察，通常还会发现这些症状违反了已知的神经病理学常识。为了进一步探讨这些症状的来龙去脉，我们需先了解它们的"特征"：

在运动系统障碍方面，以异常动作和麻痹这两种症状为主。异常动作包括头颈、四肢、躯干的震颤、抽搐等，当旁人注意时，其异常动作往往会更加明显，有时会发生全身性的惊厥，四肢狂乱地动作着，但不规律且不一定对称，病人看似完全无法控制自己，不过却很少会伤害到自己或咬到舌头；有时候病人会有"立行不能"的现象，躯干抽搐，如喝醉般手舞足蹈不成步履，但却很少摔倒，即使摔倒也会避免伤害到自己。

麻痹或不完全麻痹通常发生在四肢，病人会模拟一般观念里的麻痹，而有单瘫、半身不遂、全身麻痹等，但与真正中枢神经系统障碍引起的麻痹还是不太一样，譬如真正半身不遂的病人，走路时是以臀部为支点、回转式地移动麻痹的下肢，而歇斯底里性半身不遂则是拖着麻痹的脚走，若仔细检查患者麻痹的部位，可以发现肌肉功能正常，并无萎缩现象。另外，声带肌肉的麻痹会导致歇斯底里性哑巴，病人虽不能说话，但却能咳嗽或耳语。

在感觉系统障碍方面，包括麻木、感觉过敏或感觉异常等。皮肤的感觉障碍可以发生在任何部位、任何形状及任何形态，但以四肢较多。如果病人四肢有歇斯底里性的运动系统障碍，在该部位通常就"理所当然"地有感觉障碍，但其分布与感觉神经系统的分布并不一致，而是属于病人观念里的想象区域，譬如刚好是手套或袜子覆盖区域的麻木，或者从前额到会阴以正中线为界的半身麻木，但这都违反了体内感觉神经纤维分布的情形。

感觉器官的障碍最常见的是各种不同程度的单侧或双侧的盲、聋，病人虽然抱怨说他的两只眼睛都"瞎"了，但走路却很少跌倒或伤害到自己。若将一杯水放在桌子的边缘，要"瞎眼"的病人自己去拿时，他探出手来，看来虽是在杯子的四周乱摸，但却绝不会碰到杯子让它摔落，在这样有惊无险地乱摸一阵后，他会抱怨说他"拿不到"，而要求别人拿给他。

从这些"特征"我们不难看出，形成这种有违神经病理学的症状可能"另有原因"，但在当时神经学泰斗沙考的影响下，绝大多数的医师还是认为它们是神经系统方面的毛病。弗洛伊德原也专攻神经学，早年亦曾远赴巴黎，受教于沙考门下。对歇斯底里症，他起初也接受沙考的神经病变说，但后来在见证南西学派（Nancy School）以催眠术除去病人歇斯底里症状的神奇效果后，他开始认为歇斯底里症可能有心理的原因。在回到维也纳后，他又和布鲁尔医师合作，布鲁尔告诉他治疗 O 小姐（即前述案例）的经验，使他更加相信歇斯底里症的心理成因。随后，弗洛伊德在自己的临床经验里也获得了类似的结果，于是两人合写了《歇斯底里研究》一书，确立了歇斯底里症的心理成因。

但在形成歇斯底里症的"心理机转"（psychological mechanism）方面，弗洛伊德和布鲁尔的见解稍有不同。虽然两人都同意它肇因于过去的心理创伤事件及伴随之情感的郁积，但布鲁尔认为，在事件发生时，患者没有或无法发泄其情绪，主要是因为他的意识正处于恍惚或转变状态中，多少有"身不由己"的意思（如前述案例中的 O 小姐）。而弗洛伊德则进一步提出"潜抑"（repression）的观念——因为这些情绪是患者的道德、教养所不容许的，所以他"主动"将这些情绪连同该创伤经验驱赶出意识层面——也就是潜抑到潜意识（unconscious）里。积压的情绪不得发泄，终于"转化"成肉体方面的症状，而这些症状通常是该创伤经历的象征性表现。

本档案可以说是弗洛伊德这个理论的生动说明。女歌唱家第一次出现的症状"窒息及喉咙窄缩感"，正是她对姨父种种恶行及对她辱骂等"隐忍不言"的象征性表现；至于她第二次出现的症状"手指尖的麻刺感"，则是早年替坏姨父搔背时，受到性骚扰的心理创伤所致。此一创伤经历原本积压心中，还没有找到"出路"，但在跟好舅舅的钢琴事件中，她被舅妈怀疑与舅舅有性的瓜葛，而且媒介同样是"手指"（弹钢琴与搔背），在极度慌乱、无辜被疑所引起的愤懑中，积压已久的情绪终于找到了它的出路——"手指尖产生麻刺感"。

治疗的方法跟前述案例一样，都是将病人催眠（弗氏后来改用自由联想），降低她的心理潜抑，重温那段"不想记起"的情感性创伤经历，将它们"说"出来，并对它们采取新的看法，让积压的情绪得到发泄，身体症状即会跟着消失。

弗洛伊德对歇斯底里症的研究，可以说是他对精神疾病（特别是精神官能症）动力学理论研究的起点，也是精神分析学说的源头，因为这些研究，他从一个神经学家逐渐蜕变成精神学家。

就转化型歇斯底里精神官能症来说，弗洛伊德认为，病人常"选择"某些身体症状来表现他们的心事，譬如这个病人选择"窒息及喉咙窄缩感"来表示她"隐忍不言""如鲠在喉"的心事；而另一个病人则选择"颜面神经痛"来表示她对丈夫曾"掴她一巴掌"的愤懑；而在《少女杜拉的故事》里，杜拉有一种歇斯底里性咳嗽，这乃是她"认同"于被她视为情敌的另一个女人的症状所致。但所谓象征、隐喻、意义等，乃是文学与哲学的范畴，而非医学的范畴，因此，当弗洛伊德将他的注意力从病人症状的"生理特征"转移到其"象征意义"时，他事实上已脱离了科学史学家孔恩（T. Kuhn）所说的传统医学"典范"，或者说他尝试建立另一个崭新的、介于医学与哲学之间的"典范"，这也使他从一个"医学家"慢慢蜕变为"哲学家"。今天，有不少人认为，精神分析学说并非一个"科学体系"，而是"哲学体系"，可谓其来有自。

但我们必须在此强调，将精神官能症的重心转移到"心理"层面，并不意味它和"生理"因素无关。其实，从经历同样的心理创伤事件，但并非每个人都会出现精神官能症的事实即可看出，它还是有相当的"体质"因素。虽然它未必是沙考所说的神经系统的"遗传性变质性作用"，但却是一种必要的内在因素。现代的看法认为，体质因素是导致精神官能症的"必要条件"，而外在事件的刺激只是"充分条件"。

学生物科学出身的弗洛伊德，是不可能否定精神官能症的体质因素的，但因为在他那个时代，要深入研究体质因素，有其技术上的困难，所以他将注意力转移到心理因素上。即使时至今日，医学界对精神官能症的"致病体质"问题还是说不清楚，因此，本书在解说时，对体质因素只是点到为止，而着重于心理因素的阐述。

在床上昏迷不醒的新娘

　　面对一桩变态心理档案，就像面对一个棘手的案件，在证据不足甚至没有证据的情况下，我们只能"自由心证"。但医师不是"法官"，他要做的也不是"法官"该做的事；而对你我来说，当然更非如此。对于这样的档案，甚至说这样的"故事"，我们要付出的并非"科学的质疑"，而是"同情的了解"。

丈夫醒来时，发现身边的妻子四肢僵直、嘴巴张开、舌头外吐。他吓了一大跳，还以为她死了，但摸摸她的身体，却还是温的……

一个不久前才快快乐乐结婚的年轻女士，在新婚燕尔，就让丈夫产生很大的困扰。因为有一天早上，丈夫醒来时，发现身边的妻子四肢僵直、嘴巴张开、舌头外吐。

他吓了一大跳，还以为她死了，但摸摸她的身体，却还是温的，于是他猛力摇晃妻子，好一会儿，她才如从大梦中醒转过来般，恢复神智，而刚刚的恐怖症状也一下子消失得无影无踪。

这种情形不止发生一次。对此一"挺尸现象"，丈夫由惊愕而好奇，忍不住追问她。在丈夫的追问下，她才支吾地说从少女时代起，就偶尔会在早上出现这种现象（当然，是家人发现而告诉她的），有时在白天清醒的时刻也会如此，但情况较不严重。如今竟然被丈夫看到了这种恐怖的丑态，她也无法隐瞒，但她完全不知道自己为什么会有这种怪毛病。

丈夫怜惜地看着这位既亲密又陌生的新婚妻子，在责任感或者说好奇心的驱使下，他带妻子去找弗洛伊德医师，寻求治疗。

弗洛伊德认为这位新娘子的症状可能跟心理因素有关。但在用催眠术将她催眠后，却无法获得相关资料。于是他改用另一种集中注意力的方法，要病人闭上眼睛，告诉她当他将手按在她的额头上时，她将"看"到造成今日这种症状的童年相关经验（其实上这也是一种催眠暗示）。

病人显得相当安静且合作，当弗洛伊德将手按住她的额头时，病人即进入一种恍惚迷离的状态中，她说她又看到童年时代所居住的家屋、她的卧室、卧室里所摆的床铺、她的祖母还有她很喜欢的一位女家庭教师……然后是发生在这些房间及这些人间的事情，最后女家庭教师离开了她们的家，因为她要回去结婚。

但这些回忆仍只是片段的、看似无关紧要的琐事，弗洛伊德还是无法从中找出与她目前症状直接相关的经历。

正当弗洛伊德觉得山穷水尽时，天无绝人之路，他福至心灵地向一位同事 A 医师提起这个病人，结果无巧不成书，A 医师刚好是病人父母以前的家庭医师，他给了弗洛伊德一份相当重要的数据：

原来 A 医师当年也曾治疗过这位病人，当时她正值豆蔻年华，身体发育得很好，宛若一朵含苞待放的鲜花。在她第一次发作——就是家人发现她"僵死"在床上时，其父母曾召请 A 医师往诊，A 医师虽然找不出什么病因，但他发现那位女家庭教师对病人似乎表示出过度的关爱之情。

他对此感到怀疑，而告诉病人的祖母，请她多多留意女家庭教师和孙女间的关系。不久之后，祖母告诉 A 医师说，那位女家庭教师经常在夜阑人静时，悄悄爬上她孙女的床铺，做出某种不可告人之事；第二天早上，她孙女就被发现四肢僵直、嘴巴张开、舌头外吐，不省人事地躺在床上。

对于这个发现，家人自然是又惊又怒，但为了顾及颜面，他们决定不加张扬，但也毫不迟疑地要终止年轻人之间的堕落行为，于是他们立刻遣走那位女家庭教师，要她回去结婚。被蒙在鼓里的病人，虽然不再受女家庭教师的性骚扰，但她那晨间僵死的症状仍断断续续地存在着。

在获得这条宝贵的线索后，弗洛伊德的治疗对策是：将这件事原原本本地向病人重述一遍，让她重新体验早年与女家庭教师之间那段暧昧的感情，给予它新的评价，而她的症状也就不药而愈。

这也是一个"转化型歇斯底里精神官能症"的病例。所谓"转化型歇斯底里精神官能症",是指一个人过去曾遭受过某种心理创伤,它被潜抑到潜意识里,但后来却"转化"成肢体麻痹、视觉障碍等身体各器官的功能失常症状。

希波克拉底曾说,"结婚"是女歇斯底里患者的最佳处方,但这个个案似乎显示,"结婚"不仅没有让她的症状消失,反而可能造成它的恶化,因为在婚姻生活中,丈夫的性挑逗可能激发埋藏在潜意识深处的往事,而使"晨间僵死"症状以更大的频率出现。因此,最佳处方不是"默默地做",而是"坦然地将它说出来"。

患者在未晓人事的少女时代,因女家庭教师的"性骚扰",而使她在事后的清晨出现形同虚脱的症状。此一创伤性经验显然已被排除在患者的意识层面之外,连开启潜意识心扉的催眠术都无法让她忆起,但它却存在于别人的记忆里。弗洛伊德很幸运地从A医师那里获得此一创伤性经验的资料,他将它转告病人,让她重新面对它,疏导她郁积的情绪,晨间僵死症状即奇迹般地消失。

这个个案和弗洛伊德的不少病人一样,其情感创伤都与"性"有关。不只弗洛伊德的病人有这种现象,连当时与之合作的布鲁尔医师的病人也如此。譬如布鲁尔医师就曾诊疗过一个十二岁、害羞而内向的男童,有一天从学校回家后,他就觉得身体不舒服,抱怨头痛而且吞咽困难。家庭医师以为是感冒引起的,开药给他吃,但病情在数天之后仍无起色。病童一直拒绝吃东西,如强迫他吃,他就会呕吐;整天闷闷不乐、无精打采地躺在床上。

当布鲁尔医师往诊时,距离病发已有五个礼拜。在检查而无所发现后,布鲁尔医师觉得他的症状可能有心理因素,但男童的父亲和男童本人都说"不可能有这种事",询问学校的老师,老师也说他在学校里并未有过什么特别的事情。在不得要领的情况下，布鲁尔准备向他施行催眠术，但后来没有派上用场，因为在病童母亲聪明而温馨的询问下，病童终于流泪说出如下的遭遇：

原来病发当天，他在从学校返家途中，因尿急而到路边的厕所方便，在厕所里，一个陌生男人突然走到他身边，掏出生殖器，要男童将它含在嘴里，他极度恐慌地跑开，回家后就觉得浑身不舒服，出现了上述的症状。

病童的吞咽困难，显然是对将陌生男人的性器含在嘴里的象征性抗拒。但当他说出这个创伤性经验，抒发他的惊恐与愤懑，并得到父母和医师的安慰与保证后，他的症状也就消失了（布鲁尔诊疗这位病人时，因为离那次创伤经验的时间甚近，所以病人还记得它，但如果时间拉长，此项记忆可能就会受到潜抑，而只剩下象征性的症状）。

从诊疗经验中，弗洛伊德发现多数转化型的歇斯底里病人，在早年多有过"性创伤"的经验，几乎每个病人在童年时代都有被成年人"性诱惑"或"性骚扰"的历史，这使他们在青春期之后对性的讯息极为敏感，当被潜抑下去的记忆及情感再度受到"拨弄"时，即转化为具象征意义的身体症状，或原本已存在的症状变得更加明显、益形恶化。

于是他大胆地提出"性源说"，认为歇斯底里症主要是来自性的潜抑（repression）或压抑（suppression），压抑是意识仍知道是"怎么一回事"，但却不能说、不敢说、隐忍不说；而潜抑则是将它驱赶出意识层面，无法忆起。

从今天的角度来看，这种观点也许失之狭隘（当年，布鲁尔医师就是因为不同意他的性源说而和弗洛伊德分道扬镳；后来，阿德勒和荣格等和他决裂，多少也是肇因于此），但就像所有的学派宗师，都是在"一以贯之"的信念下，建立起自己独特的理论系统的，这也许是弗洛伊德"宗师的个性"使然。

不过他的理论也具有特殊的"时代意义"，因为在弗洛伊德所处的那个维多利亚时代，社会弥漫着保守、伪善、虚矫的性道德，他的理论似乎在告诉世人，因为性本能受到扭曲，而使很多人产生了光怪陆离的心理病痛。

这种病人在早年受到性诱惑或性骚扰的说法，后来发生了一些插曲。随着诊疗经验的累积，弗洛伊德慢慢发现，病人所陈述的性诱惑或骚扰事件，经常是"虚构"的，换句话，它们可能只是患者的幻想而非事实，为了解决这个窘境，他转而认为人类的性欲及性幻想并非在青春期之后才出现，在童年时代，性亦是一种强烈而重要的生物本能，结果这又成了他"性心理发展理论"的源头。弗氏指出，"性创伤事件"也许不是童年"真实的经验"，但却是"真实的幻想""真实的记忆"，它们仍然会对当事者的心理造成影响，并转而影响其生理。

攻击他的人对此提出了两种截然不同的论调：

"男科学家"认为，病人之所以会"捏造"这些性创伤事件，主要是弗洛伊德有了先入为主的观念，而在催眠或自由联想中，一再"暗示"或"诱导"病人说出这类的告白，病人或者怯于他的权威或者为了迎合他，才言不由衷地说出"性的谎言"。因此，弗洛伊德不仅在愚弄病人，也在愚弄自己，所谓"潜意识"或"精神分析"，根本就是天方夜谭，而非科学。

"女性主义者"则说，那些病人（以女病人为主）所说的性创伤事件其实都是真的，弗洛伊德后来改口说它们可能是假的，其实是为了"替男人脱罪"。因为诱惑、骚扰这些无辜小孩的都是丑陋的男人，甚至是表面一本正经的伪君子。为了避免"丑化"男人，所以才说那不是"真"的。

弗洛伊德的辩解及上述两种攻击论调，都涉及一个更基本的问题：即我们如何"证明"病人主观陈述之真伪？或者，它们根本就是难以"证明"的？除了极少数的例外，我们确实难以验证病人说法的真伪，在这个档案里，好像有A医师这个"人证"，但我们又如何验证A医师的"回溯性记忆"有无虚假、扭曲的成分？

　　面对一桩变态心理档案，就像面对一个棘手的案件，在证据不足甚至没有证据的情况下，我们只能"自由心证"。但医师不是"法官"，他要做的也不是"法官"该做的事；而对你我来说，当然更非如此。对于这样的档案，甚至说这样的"故事"，我们要付出的并非"科学的质疑"，而是"同情的了解"。

　　当弗洛伊德将精神医学带离唯物的医学模式时，就已预示了这种后果，但也使我们更接近活生生的人生，"半是真实半是诗"的尘世。在芸芸众生中，这"确实"是可能发生的事。天下事无奇不有，有什么是比这更"确凿"的事实呢？

档案 04
沉默的心理复仇

　　转化型歇斯底里精神官能症固然与当事者的道德观念、应对问题的方式，甚至体质有关，但主要还是当事者遭遇了让他陷入不幸的生命困境，在这样的生命困境中，他不管是潜抑或发泄，都会产生后续效应，只是效应的指向不同而已。

"如果我必须切断喉咙，我就会切断喉咙——现在我就是如此。但我的家人也必须为此而得到某种教训。"

一位三十九岁的中年男子，因某次意外事件而使背部受伤，产生严重的下背痛。他虽然强自忍耐，但最后还是不得不住院寻求进一步的治疗，经过详细的检查，医师诊断为第四与第五腰椎椎间盘突出，于是为他施行了椎间盘手术。

手术完后一段时间，病人背部仍有中等程度的疼痛，医师再度检查，诊断为"脊髓蜘蛛膜炎"，显然是一种手术的并发症。医师建议他再进行另一次手术，但病人拒绝了，而且毅然出院。这种并发症虽然痛苦，但他仍忍痛而如常地工作和从事各种活动。

关心他的家人一直认为他的病还没好，而要他再接受治疗。在家人软硬兼施地一再催逼下，他终于又住院，也同意进行另一次手术。但这次手术后，情况却反而变得更严重，他竟卧床不起，丧失了行动能力，不过不是因为痛，而是因为整个脊柱和颈部肌肉都变得无力，不仅无法走路，甚至连坐都没有办法。

"越帮越忙"的医师很谨慎地又为他做一次彻底的检查，结果却找不出任何生理病因。医师怀疑他的"丧失行动能力"可能有潜在的心理因素，于是用药物对他进行催眠，结果发现他隐藏了以下的心事：

原来病人极度反对进行第二次手术，对家人不断地唠叨、催逼，他在内心深处深感愤懑；但他也晓得自己终须屈服，只能咽下他的愤懑接受手术。在催眠状态中，他激动地说："所以我决定，如果我必须切断喉咙，我就会切断喉咙——现在我就是如此。但我的家人也必须为此而得到某种教训。"

他的家人果然得到了"教训"——他照他们的意思去做，但却已形同废人。

病人在催眠前及催眠后的意识状态中，完全看不出他对家人有什么不满或愤怒，他的愤懑是深藏在潜意识里的。但这种潜意识里的愤懑却转化为肌肉无力，让他的家人"伤心"，成为他向家人报复的手段。

 **解说**

弗洛伊德的"性源说"显然无法解释所有的歇斯底里精神官能症，而弗氏后来也不再做这种坚持。与性同属生物本能的攻击欲，在歇斯底里精神官能症的成因中亦扮演了举足轻重的角色。

在上一个案例里，当那位女歌唱家受到坏姨父的无理责骂时，她喉咙的窄缩感可以说就是强忍攻击欲的结果。本案例中的这位中年男子，也是在潜意识里积压了不少对家人的愤怒（攻击欲），就是这种无处发泄的攻击欲转化成肌肉无力的身体症状。

从这个案例也可看出，转化型歇斯底里精神官能症的症状通常有某种"意义性"（meaning），有时候是在"象征"患者的心理冲突（如前述几个个案），有时候则是为了达到某种"目的"。这个病人在手术后"丧失行动能力"的真正目的是要让他的家人伤心、后悔，可能是一种变相的"消极攻击性"（passive aggression）表现。

强行咽下攻击欲，固然可能产生身体症状，但如果肆无忌惮地发泄愤怒，而对方却是自己在道德意识上觉得不应该施以攻击的人，结果还是可能产生转化型症状。譬如，有一位女士在盛怒之下对父亲做身体攻击，结果右手及右手臂即突然产生剧烈震颤与局部麻痹的症状，因为在事发当时，她用右手撕破了父亲的衬衫。右手的麻痹显然是一种象征含意的症状，由罪恶感及自我惩罚的愿望转化而来，为的是防止她再度发生被禁止的敌意行为。

有时候，当事者只有攻击的意图而未真正付诸行动，也可能因此而产生转化型症状。譬如，有一位不幸的男士，妻子红杏出墙，跟姘夫私奔了，而他也屋漏偏逢连夜雨，双腿竟跟着麻痹，寸步难行。在接受治疗后，医师才发现原来当获知妻子与人私奔时，他一时怒从心上起，恶向胆边生，心里曾兴起强烈的杀机，想要去追杀他们，手刃奸夫淫妇。这个念头后虽然被"咽"了下去，但却使他产生了双腿麻痹的症状，它似乎是来自想阻止他将复仇愿望付诸行动（血腥报复）的心理自卫机转。

这几个例子告诉我们，转化型歇斯底里精神官能症固然与当事者的道德观念、应对问题的方式，甚至体质有关，但主要还是当事者遭遇了让他陷入不幸的生命困境，在这样的生命困境中，他不管是潜抑或发泄，都会产生后续效应，只是效应的指向不同而已。

有一个古老的童话故事说：一个理发匠替长了一对驴耳朵的国王理发，事后虽逃过被国王杀害灭口的劫难，但他实在"憋不住"他所目睹的那个大秘密，后来，他在地上挖一个洞，把"国王长了一对驴耳朵"的话"发泄"到洞里，并用土掩埋。虽然他郁积的情绪得到了解消，但问题并未真正消失，只是"转化"成另一个问题而已。因为那堆土里长出了竹子，有人砍下竹子做成笛子，结果笛子吹出来的还是"国王长了一对驴耳朵"的曲子。

童话故事通常是浅显而含意深远的。如果理发匠不看到国王的驴耳朵，什么事都不会发生，但既然看到了，则不管他怎么"处理""应对"，问题都不会消失，只是"转到别的地方去"而已。对于心理变态及心理治疗，我们似乎应该有这样的基本认识。

问题是，天下总有长着驴耳朵而又必须理发的国王，也总会有人要去遇到他，这就是生命的困境。

档案 05

无法站立的西点军校生

　　在医院里，常可见一些因公受伤、因车祸或工业伤害而住院的病人，他们的症状在经过适当的医疗后，却未如医师判断的那样迅速复原，反而在期待"赔偿"的心理下，加重或延长原有的症状，甚至出现新的症状。但当病人获得他认为合理的赔偿后，那些看似顽固的症状即能迅速消失，这也是"附带收获"的一种显例。

重返校园的他，失去了作为一名足球队队员的荣誉和特权，成了名副其实的菜鸟，结果不到两个礼拜……

一个身强力壮而且满怀雄心壮志的有为青年T君，以优异的成绩进入梦寐以求的西点军校，但最后却又因一种离奇的症状而不得不中途退学。

军校讲究的是"磨炼"，在西点军校初期的训练中，新生在身心两方面均需承受相当大的压力与考验，而"荣誉"则被视为第二生命。T君入学不久，即膺选为足球队队员，这是一种无上的荣誉，但不幸的是，在一次足球练习赛中，他因动作过猛而致肩膀脱臼，必须住院动手术。

开刀后复原的情况良好，经过彻底的身体检查后，他又回到校园。但在返校后，他的"地位"却发生了明显的变化。他失去了作为一名足球队队员的荣誉与特权，成了名副其实的菜鸟、大头兵。

结果不到两个礼拜，他在出操时，又因急性眩晕及短暂的意识丧失而住院。但住院后的身体检查却找不出他有什么生理上的异常。住院后不久，他又出现了立行不能（astasia abasia）的症状，在站着的时候，躯干抽搐，如喝醉酒般手舞足蹈不成步履，连站都站不稳，更不用说行走了；不过在坐着或躺卧时，其肌肉的协调及紧张度却又都恢复正常。

随着住院时间的拉长，他的症状不仅未见好转，而且慢慢恶化。当偶尔出现某些改善的迹象时，医师若向他提出"现在好一点了，可以回学校了"的建议，他的症状就马上又严重起来。

医师认为他的这些症状显然跟心理因素有密切关系，就为他做心理咨询。心理评估显示，他对自己是否继续留在西点军校有矛盾的情感。在性格上，T君有着情绪不稳、易冲动、神经质的特征，他一方面亟想证明自己的男性气概，但一方面又无法忍受挫折，也难以接受权威，和同学的人际关系也不太好。

心理评估的结论是："其转化型症状的出现，大部分是出于想反抗权威与逃避西点军校正常要求的一种策略，并因这种反抗与逃避所获得的附带收获而使症状持续存在。"在住院六十天后，他终于因病假超过期限而"被迫"离开西点军校，回家休养。

但回家不到一个礼拜，他的上述症状就奇迹般地烟消云散了。不久，他找到了一份银行职员的工作，对这份工作似乎也还算满意。在六个月的追踪治疗里，他都没有再出现任何症状。

解说

这也是一个"转化型歇斯底里精神官能症"的病例。前述的心理评估，已将他的病因说得很清楚。

传统的精神分析认为，转化型歇斯底里精神官能症主要是来自性与攻击本能的潜抑或压抑，这对19世纪末20世纪初的社会生态而言，也许有相当的真实性。但现在我们知道，心理创伤的种类非常多样，任何能为当事者带来心理冲突或威胁的事件与情境都有可能是一种"创伤"，而表现出转化的身体症状来；而且，将它"说"出来，也不见得就能使症状消失，当具威胁的情境还存在时，如何摆脱它才是患者的"最爱"，此时，"症状"常成为患者摆脱困境的一种心理策略。

在第一次世界大战期间，有不少战场上的士兵突然出现双腿麻痹、驼背或失明等症状，不仅无法上战场，更成为一种累赘，结果就理所当然地被送到野战医院或后方疗养，但检查却又都找不到生理上的病变，而且也不像是在"装病"。其主要病因其实就是当事者想逃避战场上的威胁，他不想再留在危险的战场上，但如果说自己"怕得要命"又有损自尊，于是在奇妙的心理防卫机制作用下，这种冲突和威胁遂转化（不是伪装）成身体的症状，一方面可以让他逃避命丧沙场的危险，一方面又可以免除被视为懦夫的羞耻。

这样的症状通常是有选择性的，也就是以使他无法上战场为"目的"的。譬如有人研究第二次世界大战中美军飞行员的歇斯底里症状，发现负责日间飞行勤务的飞行员较常出现"心因性日盲症"，而担任夜间飞行勤务的则较易产生"心因性夜盲症"。

这种有选择性、以逃避不快情境为目的的症状，亦可见于一般的歇斯底里患者，譬如一个讨厌学校课业的学生，右手无法握笔书写，但却又可用这只看似麻痹的手弹钢琴。本档案中的这位西点军校学生，坐着及躺卧时，肌肉的运动协调都正常，但一站起来就"寸步难行"，其"目的"显然是不想再回校操练，而且可能还象征他进入军校是"错误的人生步伐"，他已无法"再走下去了"。

在第二次住院时，T君症状持续的时间相当长，心理评估说这是症状使他获得"附带收获"（secondary gain）所致。所谓"附带收获"是指症状为病人所带来的"利益"，最常见的利益是他生病了，既可以免除他在健康时期所必须承担的职责，同时大家的关心、同情、帮助等，也都一下子集中在了他身上，这些"附带收获"刚好可以满足某些病人的依赖需求，也因此而强化了歇斯底里症状的持续性。

传统的精神分析学家认为，患者原先的心理冲突与后来的利益动机是互为表里的，但原先的心理冲突有时难以发现，倒是后来的利益动机常明显可见，因此，我们常可由后者而推想出前者。譬如，每当T君症状稍见好转，而医师建议他"可以回校"时，症状立刻又恶化，从这点我们不难推想出，他的症状其实是为了在不失自尊的情况下离开西点军校。后来的发展果然就是如此，在他"被迫"退学后，所有的症状就在一个礼拜内全部消失。

在医院里，常可见一些因公受伤、因车祸或工业伤害而住院的病人，他们的症状在经过适当的医疗后，却未如医师判断的那样迅速复原，反而在期待"赔偿"的心理下，加重或延长原有的症状，甚至出现新的症状。但当病人获得他认为合理的赔偿后，那些看似顽固的症状即能迅速消失，这也是"附带收获"的一种显例。

医学之父希波克拉底认为歇斯底里症是"女人病"，不少人似乎也有这种看法。但从前述几个案例的介绍可知，这种精神官能症男女都有，只是女人较为常见而已，国内的统计数据显示，男女患者的比例约为一比二。有很多人认为，在现代社会里，歇斯底里症似乎比 19 世纪末 20 世纪初——也就是弗洛伊德的时代——要来得少，这可能跟教育的普及、心理压抑减少有关，但这并不表示现代人的心理较健康，而是心理疾病的类型发生了转移。

对于人生困境，本案例提供给我们一种吊诡性的思考：当你走到人生的十字路口时，你是要听从自己的"潜意识之声"还是"意识的召唤"？有不少人——譬如分析心理学家荣格（C. G. Jung）——认为，"潜意识之声"是生命的内在之声，能引导我们的生命进入更圆融的境界。本案例中的 T 君，他的症状显然就是他"潜意识之声"的外显，最后，他听从了这种"潜意识之声"，回到故乡去做一个银行职员。也许这对他而言，是一种较"圆融"的生命境界，但从另一个角度来看，他显然是在规避自己的人生困境，因此也可说是一只挫败的鸵鸟。

抽筋的海伦及其女友们

　　学校、军队和工厂是最常发生集体歇斯底里症的地方，譬如考试压力下的学生，排队在操场聆听台上老师冗长而令人厌烦的训话，此时若有一个学生因支持不住而倒下去，结果可能会像多米诺骨牌效应一样，在短时间内，有一大群学生也跟着应声而倒。又譬如在电子工厂生产线的女工，有一个女工突然感到头晕、恶心、呼吸困难，结果几分钟内，数十名女工可能都会出现同样的症状。

在早会时，海伦的脚部抽筋，很多同学都看到了；第二节下课后，有人跟着抽筋。消息传开来，立刻有一大堆女生开始出现各式各样的抽筋，学校乱成一团。

海伦是个高中女生，在班上很得人缘。

有一天，她和家人去参加一个聚会，会中有跳舞节目，但海伦却显得闷闷不乐，她推说自己对跳舞没兴趣，而只做个旁观者。在舞会中，看着别人婆娑起舞，海伦突然觉得右脚有短暂的抽筋现象。

海伦的闷闷不乐是有原因的。原来在不久前，学校的体育老师已开始教跳舞，但海伦却缺了好几次课。在她同父母参加上述聚会的前三天，学校公布了嘉年华会上舞剧演员的名单，在班上相当杰出且得人缘的海伦竟未获选任何角色。更令她难过的是，她心仪的一个男孩子舞跳得很好，在嘉年华会舞剧中将担任重要的角色，而海伦的竞争对手——另一个很会跳舞的活泼女孩，将与那个男孩同台演出。

在与父母参加宴会后几个礼拜，海伦的脚部仍经常抽筋，特别是一紧张就抽筋得更厉害。很多同学都注意到她的症状，对她表示关心。

就在海伦开始抽筋后三个礼拜，她的两个同学朱莉和法兰西丝去参加某个舞会，会后，朱莉到法兰西丝家中，她的脚部和颈部也不由自主地抽起筋来，而且在第二天到学校后，仍然有这些症状。

星期三早会时，海伦的脚部又出现厉害的抽筋，很多同学都看到了。第二节下课后，法兰西丝竟也开始抽筋，同学们见状连忙将她送到保健室。此时，坐在法兰西丝旁边的格拉黛非常紧张，觉得自己的身体有点颤抖，然后在其他同学的注目及尖叫下，她也跟着抽筋了。

消息传开来，立刻有一大堆女生开始出现各式各样的抽筋，学校乱成一团。校方不得不请父母将孩子们带回家，学校还因此而停课了几个礼拜。

这是一场典型的"集体歇斯底里"（mass hysteria）发作。

转化型的歇斯底里精神官能症有时候具有"传染性"，当一个团体中的某一个人先出现某种症状后，其他人也跟着发生类似的症状，好像一场"心灵的瘟疫"。

本案例中最先出现症状的海伦，以脚部抽筋来排斥跳舞，乃是一种典型的转化症状。但为什么其他同学也会发生类似的症状呢？弗洛伊德曾有一个女病人杜拉，因为在潜意识里认同她的情敌，结果产生与情敌一样的歇斯底里性咳嗽，"仿同作用"在转化型症状的"感染"上，扮演了一个相当重要的角色。海伦在班上表现优异而且很得人缘，是许多同学认同的对象、行为的榜样，她的症状自然较容易受到他人的仿同，就好像很多人常会不自觉地模仿他们崇拜的电影明星摸鼻子一样。

但除了仿同外，恐怕还有别的原因。学校、军队和工厂是最常发生集体歇斯底里症的地方，譬如考试压力下的学生，排队在操场聆听台上老师冗长而令人厌烦的训话，此时若有一个学生因支持不住而倒下去，结果可能会像多米诺骨牌效应一样，在短时间内，有一大群学生也跟着应声而倒。又譬如在电子工厂生产线的女工，有一个女工突然感到头晕、恶心、呼吸困难，结果几分钟内，数十名女工可能都会出现同样的症状。她们说"好像闻到什么奇怪的气味"，但经过调查检验，往往没有什么"刺激性的气体"存在；即使有，也未到使人感到恶心、呼吸困难的程度。

这样的集体发作主要来自"心理刺激"，因为当事者都面对同样的心理困境——对学生来说是功课压力与冗长的训话，对女工来说则是单调而令人厌烦的工作。另外，"暗示性"在行为的相互感染里也扮演了相当重要的角色。

其实，集体歇斯底里症乃古已有之。在古时候，人——特别是女人，必须经常压抑她们真实的情感，日积月累，可能会觉得浑身不舒服，当时社会即为此安排了一些"狂欢的祭典"，譬如古希腊的"酒神祭"；在这些祭典里，人们可以纵饮狂欢，以平常不被容许的方式发泄他们久遭压抑的性与攻击的情感，再度获得内心的平静。这些狂欢祭典，实际上就是一种经过安排的集体歇斯底里发作。

基督教在欧洲得势后，曾经禁止类似的狂欢祭典，但在中世纪，欧洲各地却出现了一种奇怪的"舞蹈狂"（dance mania），它像瘟疫一样，蔓延得相当广，且发作者主要是女性。医学史家西格里斯特（H. E. Sigerist）对 13 世纪发生在意大利的"舞蹈狂"曾有下列描述：

"这种病通常在酷暑时发生……正在睡觉或清醒的人会突然跳起来，像被蜜蜂叮到般感到一阵刺痛，有的人还会看到蜘蛛，有的则否。但他们都知道这一定是一种蜘蛛在作怪，于是大家很快地从屋里跑到大街上或市集里，激烈狂舞。没多久，其他也被'叮到'或在几年前被'叮过'的人也都加入了舞蹈。

"病人越聚越多，穿着奇怪的服饰疯狂地舞蹈……有的人撕破衣服，展示她们的肉体，完全失去了羞耻感……有的则拿出剑来，像比斗者般狂舞着剑；有的则拿出鞭子，彼此鞭打……有的人举止更怪异，像被抛上天空般飘飘欲仙；有的在地上猛挖洞；有的则像猪一样在污泥里乱滚。他们都喝了大量的酒，像酒醉的人一样狂歌和高声谈话。"

这些症状很像过去"狂欢祭典"里的疯狂表现。古老的祭典虽然没有了，但心理的冲突与压力依然存在，且比以前更有过之。一个人按捺不住，爆发歇斯底里性发作，就好像火种一样，引燃所有的火药库，结果变成类似昔日狂欢祭典的集体歇斯底里发作。

16世纪的一位德国医师，对某女修道院所爆发的另一种集体歇斯底里症亦有很精确而深刻的观察。他发现修女们在发作时"双眼紧闭，仰躺着，腹部弓起，私处凸出，不停地抽搐。发作过后，张开眼睛，脸上露出羞耻与痛苦的明显表情"。他调查这种怪异流行病的来源，才知道不久前，修道院附近的一些少年，在夜里潜进修道院，和修女们幽会，后来东窗事发，修道院严禁这种丑行继续下去。不久，住在修道院里的一位少女开始有了"爱人每晚来找她"的幻觉，从而爆发了上述的症状。照顾她的修女们在目睹她的发作后，也跟着产生同样的症状。那位医师明确指出，这种流行病乃是来自"性的压抑"。

当然，从海伦和她同学的集体歇斯底里症，或是常见于工厂里的"生产线歇斯底里症"来看，我们可知任何心理冲突都可能产生此症。

七小时的记忆丧失

患者无法接受的精神内涵有两种：一为外在的恼人事件，一为内在的心理冲突。目前对解离型障碍的解释，大都采用弗洛伊德的这种动力心理学理论，但并非每一个面临外在恼人事件或内在心理冲突的人，都"会"或者"能"产生意识的解离，因此，意识解离可能也含有冉涅所说的"体质"因素。

她一再回忆，但脑中只浮现一个如梦似幻的影像——停车场，而她不觉得"停车场"和自己有什么关系。

M小姐因举止怪异而被警方送到精神病院。她的问题是她丧失了七小时的记忆——对从当天中午十二点到晚上七点这段时间内，自己到底在哪里、又做了什么事等完全没有印象，脑中一片空白。

在医师的询问下，M小姐说出了她的身世（她对那天中午十二点以前的经历倒是记得一清二楚）：

她来自一个不幸的家庭，因为母亲红杏出墙而导致父母分居。她原先和母亲住在一起，母亲经常招蜂引蝶，M有几次还受到母亲奸夫的性骚扰。

后来M爱上了一位年轻的船员，且怀了身孕，但船员却在婚礼前数天失踪，一去不回。她将孩子生下来，三年后，带着孩子去和父亲及两个弟弟住在一起。

但父亲对她并不友善，在住院前三四个礼拜，父亲一天到晚骂她懒惰、撒谎、不是个好女孩。在与父亲争吵中，她开始有了头痛、倦怠、失眠、焦虑、孤独、忧郁等症状。就在这个时候，她又遇上了一个年纪比她稍大一点的男孩，很快就对他产生依恋。最近两个礼拜中，她经常在晚上去找他，从他那里获得了家里所没有的温暖与平静。

M小姐住院后，很快适应病房的生活，心情也好了许多，但不管怎么回想，就是想不起那七个小时的遭遇。她只记得当天早上做好家事后，在中午前搭上一辆公共汽车，想去看她的医师，然后就是一段七小时的"空白"。

而她自己对这段记忆的"空档"似乎也不以为意，在医护人员的鼓励下，M小姐说她一再回忆，脑中只浮现一个"如梦似幻"的影像——停车场，但她不觉得"停车场"和自己有什么关系。

医师认为这个梦幻般的影像一定和被她潜抑到潜意识里的经验有关，要她更详细地描述这个影像。她说："那是一个停满车子的停车场，有一个男人在停车场的那一边，我不晓得他是谁。有一个女孩子正从这边往他那边跑，我觉得她就是我。这个景象一再出现，那个女孩以她最快的速度在奔跑，但似乎又没有移动。看起来是我在奔跑，但我不知道为什么要奔跑……我想我可能是要跑去向那位男子求救。"

医师问她在提到"跑着去求救"时，心里想到的是什么？她说："是医师，事情发生四天前，我想应该去看精神科医师，我向男友提起这件事，当时他在 W 镇做兼差工作。"

事情已逐渐明朗化，因为 M 小姐就是在 W 镇被警方发现失去记忆而带到医院来的。医师认为上述"如梦的景象"一定是她所丧失记忆中的片段，于是将她催眠，在催眠状态中，M 小姐终于忆起了那段七小时的空白：

她搭公共汽车想去看 P 医师，因为最近几天她产生了想杀死父亲、弟弟和儿子的可怕幻想，她必须寻求医疗帮助。在下车后，她去按医师的门铃，但没有反应，到药房打电话给他，也没人接。于是她决定去找她的男友 F，她必须去看他，而他也必须帮她的忙，因为她父亲、母亲都不关心她，要好的女友避不见面，医师又不在，F 一定要帮助她才行。

于是她又乘车到 W 镇，抵达 W 镇时差不多是午后两点，她看到他的车子停在停车场，F 正从停车场的一个入口走向他的车子。她在另一个入口处等他，M 想 F 一定会看到她，载她一起走，他应该知道她的处境，她需要他的帮助。但 F 没有看到她，径自开车离去。于是她急急穿过大街，迎面而来的一辆车子差点将她撞倒，她开始觉得头晕目眩。她需要帮助，然后她看到一个警察局，于是走进去……

在催眠状态中，M 小姐讲述至此时，突然变得焦虑不安，语不成声，但慢慢又恢复正常。在从催眠状态中醒来后，她终于恢复了对那七个小时的记忆。

这是一个"心因性记忆丧失"（psychogenic amnesia）的病例，属于"解离型歇斯底里精神官能症"。所谓"解离"，我们在《父亲病榻边的黑蛇》里已提过，它意指一个人的意识、记忆、情感、智能，甚至运动行为等的正常整合功能发生突然而暂时性的改变，以致这些功能的某些部分丧失的情形。本案例中的 M 小姐，她所丧失的是"七小时的记忆"。

沙考的得意门生之一冉涅（P. Janet）认为，正常人的精神功能及想法等整合构成他的"人格"整体，在正常情况下，他可以依他的意识召来（知晓）这些精神功能及想法，但如果神经系统发生变质，使沟通各种精神内涵的能量降低，则某些精神功能即不再为个人意识所觉知，这是造成"解离状态"的主因。

而沙考的另一得意门生弗洛伊德则认为，在解离状态中，患者所失去的常是他无法接受的精神内涵，他借一种特殊的精神力量——潜抑作用——将它们驱赶到潜意识的领域，而无法为意识心灵所忆起，换句话说，它是一种主动的心灵作用。解离症状对患者形成保护作用，使他免于因回忆起那些无法接受的精神内涵而产生悲痛。患者无法接受的精神内涵有两种：一为外在的恼人事件，一为内在的心理冲突。目前对解离型障碍的解释，大都采用弗洛伊德的这种动力心理学理论，但并非每一个面临外在恼人事件或内在心理冲突的人，都"会"或者"能"产生意识的解离，因此，意识解离可能也含有冉涅所说的"体质"因素。

"心因性记忆丧失"是最常见的解离型歇斯底里精神官能症。本案例中的 M 小姐在病发当天亟需他人帮助，但却四处碰壁，男友在她眼前离她而去，更是致命的一击，当时的孤独、无助与绝望，超出她的负荷，于是"潜抑"就发挥了作用，将这些遭遇及其伴生的情感一股脑儿扫出意识层面，免得她因想及它而悲痛难当。另一方面，"记忆丧失"也使她得到警察的帮助，并因此而被送到医院，成为医师、护士、家人和朋友关心的对象，这些"附带收获"也使她更不愿再忆起那些痛苦的遭遇。

"心因性记忆丧失"既是心理因素所造成的，它的"记忆丧失"因此也常具有选择性，也就是说，病人只选择遗忘会带来痛苦的经验。M 小姐所遗忘的只是那天中午十二点到晚上七点的"七小时记忆"，至于其他经历却都记得一清二楚。某位女士的记忆丧失更妙，她遗忘了自己曾生下一个小孩的经历，但对临盆前后发生的与小孩不相干的其他经历却又都记得一清二楚，关键就在于生下那个小孩乃是她"悲痛的根源"。

有一位在大学里教英国文学的女教授也曾莫明其妙地丧失了记忆，她比 M 小姐更惨，不仅不晓得自己住在哪里、从事什么职业，对自己的过去也几乎忘得一干二净，甚至连自己的名字都忘了，除了儿子外也不再认识任何人。但奇怪的是，她对以前所教的英国文学却都还记得一清二楚，所以她虽丧失了其他记忆，忘了学生们的名字，却仍能继续授课。在亲朋好友的热心帮助与耐心提醒下，她一点一滴地慢慢恢复昔日的记忆，但当记忆恢复越多时，她就变得越不快乐，因为她终于回忆起过去一年中所遭受的接二连三的打击，而最痛苦的是自己的婚姻破裂，以及母亲在她眼前的突然死去。当她恢复她的记忆时，她也就恢复了她的哀伤。

由此可知，"心因性记忆丧失"主要是用来保护自己的一种心理自卫机转。

档案 08

重寻旧梦的中年女子

　　"心因性神游"的特征是患者在某种心理压力下，会突然产生意识解离而离家出走，通常是游荡到很远的地方，而且一去就是几天、几个月，甚至几年。在这种状态中，他会完全忘记自己过去的一切。

在四处徘徊游荡后，她终于来到了 R 镇，埋藏着她青春欢乐的大学城。一个声音告诉她：你不再是 B，而应叫作鲁思。

四十二岁的 B 女士，在被家人带到精神病院时，脸上有着焦虑、慌乱与惶惑的神情。

她的家人忧心忡忡地说，B 女士在四年前突然失踪，家人虽四处寻找，但却音讯全无。最近，好不容易才在离家一千多英里^①外的 R 镇找到她，但 B 女士却好像完全变成另一个人似的，连父母、丈夫和儿女都不认识了。她说她从未见过他们，她的名字也不叫 B，而是鲁思。

她冷淡地说："你们一定是认错人了，请你们回去。"但每个以前认识她的人却又都说她明明就是 B，在不得已的情况下，家人只好将她带到精神病院来，寻求医疗帮助。

住院后，病人仍坚持说她是鲁思，而且向医护人员威胁：如果他们不让她回到 R 镇的家，她就要控告医院和那些"自称是她家人的人"共谋非法居留。

医师相信她家人的话，但也相信病人并非在故意说谎伪装，而是有什么奇特的心理创伤，才使她变成今天这副模样。

基于这种认识，医护人员像接纳一个朋友般真诚地对待她，由于这种真诚，B 女士慢慢对他们产生了好感和信赖，最后同意进行催眠等各种帮

————————

①1英里约等于1.6千米。

助记忆恢复的方法。在点点滴滴的累积、拼凑下，医师终于获得她如下的辛酸病史：

B女士来自一个具有狂热宗教信仰的家庭，父母虽然都在福音教堂里担任职务，但却非表里如一的"好人"。他们只是勉力维持着道德的门面，私下却经常彼此愤怒地指责对方不贞，因此，B在小小年纪就开始怀疑自己的"身世"。更不幸的是，貌合神离的父母常将他们相互的敌意一股脑儿发泄在她身上，使她在禁制而又暴虐的教养方式中，不知道什么叫作"快乐"。

在苦闷的孤单中，唯一可以依靠的是她的姐姐。她从小就跟姐姐很好，两人在不幸的环境中相濡以沫，始有一些难得的安全与慰藉。但令人扼腕的是，姐姐在她十七岁时突然过世，仿佛失去了人生唯一的支柱，她陷入了极度的哀愁与沮丧中，过了一年都无法复原。

高中毕业后，在父母的安排与命令下，她进入位于R镇的某学院攻读，准备将来从事传教的工作。在大二时，机缘凑巧，她和一个迷人、温馨而又有才华的女孩同住一间寝室，这个女孩的名字就叫作鲁思。

鲁思很热情而开朗地接纳她，并一步一步地引导她进入另一个崭新的世界，培养新的兴趣，结交各式各样的朋友，也鼓励她发挥以前被忽略的才华——鲁思说她有音乐天分，将来可以成为一个出色的钢琴家。

B很喜欢鲁思，也很感激鲁思，她对鲁思就像对逝去的姐姐般。同时也因为鲁思的友谊，她过了一段颇为快乐的青春时光，这种快乐是以前从未有过的。

当她念到大三时，鲁思和一位年轻的牙医师订婚。鲁思经常邀B和他们一起旅行（顺便充当保护性的女伴），而她也乐得奉陪。但就在这种青春之旅中，B竟不由自己地"疯狂爱上"那位牙医师。她嫉妒鲁思，看着他俩卿卿我我的情景，B只能对自己没有希望的爱暗自感伤与悲泣。

落花有意，流水无情，那位牙医师对害羞、笨拙而又紧张的B当然是了无爱意，他不久就和鲁思结婚，两人到加拿大共筑爱巢。虽然明知会有这种结果，但B仍深受打击，而变得极度忧郁，竟至辍学返家，不过并未向父母透露她的心事。在父母的坚持下，她又重返学院，取得学位后，又进入海外传教的预备学校。

在完成最后的学业后，经由父母的安排，她和一个传教士缔结了没有爱情的婚姻，随后即远赴缅甸和中国，在那里度过六年并不快乐的海外传教生活。最后，夫妻二人和两个孩子又回到美国，定居在中西部某个小镇的牧师公馆里。

当丈夫越来越专注于教会的工作后，她也越来越无法忍受牧师太太呆板无趣的生活。特别是小镇的民风保守，连电影和通俗音乐等娱乐都受到禁止，更令她感到窒息。就在这期间，她开始耽溺在过去的回忆里——一再地回味、反刍大学头两年和鲁思在一起生活的情景。在她的白日梦里，这段人生成了满足她一切幻想的泉源。

在她三十七岁时，自己最钟爱的小儿子突然病故。晴天霹雳，也使她累积多年的不满和失望一下子爆发开来，在儿子去世的翌日，她即不告而别，离家出走。丈夫及家人虽四处打听、寻找，但都毫无音讯。

在医师的耐心治疗下，B女士慢慢回想起她离家之后的行踪：在四处徘徊、游荡后，她最后终于来到了R镇，也就是她年轻时候生活过的大学城。

但在抵达R镇后，她对自己的真实身份及过去生活都已经失去了记忆，只觉得自己是一个名叫鲁思的女孩。于是，她开始以鲁思之名在R镇定居下来，靠弹钢琴及教钢琴谋生。这种生活相当惬意而且成功，不到两年，她就成为当地一所音乐学校的指挥。也许是出于一种奇妙的直觉，她只挑选不会对她的过去感到好奇的人做朋友，而她的过去也日渐成为一段神秘的空白。最后，她终于在R镇建立了个新的社会身份，不再需要对人生有所回顾。

就这样，B变成了鲁思，在R镇生活了四年。直到有一天，也许是出于不可避免的命运，一个少女时代的旧识终于认出了她，这位旧识是 B 大学时代的朋友，她不仅认识 B，也认识鲁思。当对方做这种指认时，B 有点不知所措，甚至满头雾水，她以令人无可置疑的真诚说："我是鲁思，不是 B，你一定认错人了！"

但她明明就是 B。最后，她的丈夫及家人闻讯赶至，而发生了我们在故事开头所说的情景。

B 的丈夫在了解太太的心事后，出乎意料地表现得相当体谅与合作，在妻子出院后，他为她提供较充实的生活内涵与较活泼的生活气氛，而 B 也因环境的改变，有了相当不错的调适。

这个真实的故事活像一部凄美的电影。

从精神医学的观点来看，本档案属于"解离型歇斯底里精神官能症"中的"心因性神游"（psychogenic fugue）。

"心因性神游"的特征是患者在某种心理压力下，会突然产生意识解离而离家出走，通常是游荡到很远的地方，而且一去就是几天、几个月，甚至几年。在这种状态中，他会完全忘记自己过去的一切。

患者此症和"心因性记忆丧失"最大的不同点是他"不知道"自己丧失了记忆，而且经常以一种新的身份和生活形态在社会上生活，其言行举止在外人看来无异于常人，而他通常也不会做出象征过去创伤经验的行为。

多数"心因性神游"的患者，有一天会仿佛"大梦乍醒"般，一下子又恢复过去身份的一切记忆，同时忘怀以新身份所经验的一切，而惊讶地发现自己"不知置身何处"。本档案中的 B 似乎比较特殊，她以鲁思的身份在 R 镇度过了四年漫长的岁月，若不是被昔日旧识认出来，她是否不会"醒来"，而继续以新身份终老R镇，恐怕将永远是个谜。

这种漫长的神游，通常有维系它的心理动因。B在化身为鲁思后，由"不快乐的牧师太太"变成了"成功的艺术家"，不仅可以逃避痛苦，更在复苏的往日情怀中，使荒芜的心灵获得滋润，这也许就是她"继续神游"的主因。

"心因性神游"跟我们后面要谈的"双重人格"稍有不同。"心因性神游"的患者虽然也有两种人格形态（譬如B与鲁思），但这两种人格形态并不像"双重人格"那样南辕北辙，而且其人格的互换也不像"双重人格"那样频繁。通常是由A人格转变成B人格状态，然后再由B人格恢复成A人格状态而已。本档案中的"鲁思"更是被迫恢复原来的身份，而她在"鲁思"的人格状态中，除了重拾以前的钢琴旧梦外，并没有太大的改变，不仅没有再婚，也没有任何性活动，仍保有B的道德观。

当医师将B的辛酸病史和她的心事告诉B的丈夫后，她丈夫似乎是第一次"认识"自己的枕边人，他"哀矜而勿怒"地提供给妻子较充实的生活内涵与较活泼的生活气氛，证明他其实是"深爱"着妻子的，只是以前一直爱得不够"深入"，"深"到能进入妻子的"梦"中。

每一个人都有无法兑现或难以挽回的"旧梦"，重寻旧梦也许有很多方式，而B这种方式似乎是令人感伤，但却也暗含某些人生真谛的方式。

不要和撒旦开玩笑

所谓"双重人格"，顾名思义，是指一个人同时具有两组不同的思想及行为模式。一般说来，患者的第一个人格，也就是他在大部分生活中的人格特征，通常是自制而道德的人格，而第二个人格所表现的态度和行为则刚好和第一个人格相反，它会完全耽溺于各种满足欲望的活动，无所禁忌。

A先生惊恐地说，屋里充满了魔鬼，撒旦侵入他的体内，正强迫他说出可怖的亵渎和咒骂。

A先生是一个三十多岁的生意人，某年冬天，当他从一次短暂的商业旅行回来后，显得忧郁而沉默寡言，然后突然变成"哑巴"，不能说话。

有一天，他在一一拥抱妻子和孩子后，即陷入昏迷状态。昏迷两天后，他又醒来，从床上坐起来，发出奇怪的声音，并喊说"他们"正在用火烧他。翌日清晨，情况更形恶化，他说屋里充满了魔鬼，撒旦侵入他的体内，正强迫他说出可怖的亵渎和咒骂。他数度逃离家庭，并企图自杀，最后他成为冉涅的病人。

冉涅追查A先生的过去，发现他虽然从小就在农村充满迷信的环境中长大，却没有特别强烈的宗教信念。在个性上，他有"过度敏感"的倾向，常耽溺于冲突与屈辱的沉思中而想不开，但过去也没有什么心理方面的毛病。

A先生在成为冉涅的病人后，冉涅发现他总是先以低沉的声调诅咒上帝，然后又以尖锐的语调说是撒旦强迫他这样做的。在当时，这很容易被解释为"恶魔附身"所致，诅咒上帝的低沉声调乃是魔鬼撒旦的声音。冉涅对中世纪有关恶魔附身的种种记载知之甚详，但他对此提出了不同的解释。

他认为这是一种意识解离状态，但他用尽各种方法说服A先生合作，包括想将他催眠，却都失败了，A先生"体内的撒旦"还对此大加轻蔑、嘲弄。后来冉涅发现，当A在发出谵语时，他若轻轻地将一支铅笔放入A的手中，则A会一边大说疯话，一边用笔写出自己的名字。

当冉涅用耳语命令 A 做动作时，奇怪的事情发生了，握在 A 手中的笔会自动写出："我不做。"冉涅轻声问："为什么？"手上的笔又写出："因为我比你强。""那么你是谁？"冉涅再度轻声问。"撒旦。"铅笔回答道。

冉涅于是决定和 A 先生"体内的撒旦"开玩笑，他用的是传奇故事里常提到的陷害撒旦的诡计。"撒旦"最大的弱点是虚荣自负，冉涅于是要求 A 体内的撒旦展现神力，让 A 的手臂举起来，但不使 A 本人知道。"撒旦"果然轻而易举地让 A 举起他的手来。当冉涅问 A 为什么将手举起来时，A 愣了一下，惊讶地说："那个恶魔又在对我要花样。"

冉涅又利用同样的方法，要"撒旦"让 A 跳舞、伸出舌头、吻一张纸，"撒旦"也一一照办。他又要"撒旦"让 A 想象自己看到一束玫瑰花，而被枝上的刺刺到手指；A 先生即突然尖叫出声，好似他看到玫瑰，而手指真的被刺痛般。总之，"撒旦"和"A"似乎轮流占有 A 先生的肉体和精神，一下子出现的是"撒旦"，一下子出现的又是"A"。

最后，冉涅有点狡猾地低声问"撒旦"是否愿意再展现神力让 A 睡着——冉涅几次想将 A 催眠，但都没有成功。结果"撒旦"中计，A 先生果然很快就睡着了（但并非真睡，而是一种类似"被撒旦催眠"的状态）。冉涅立刻把握机会，以轻柔的声调问 A 先生一些重要的问题，而终于找到了他被"撒旦附身"的真正原因。

原来 A 先生在病发之前的那一次旅行途中，做了一件"不可原谅的罪行"，他不仅召妓陪宿，而且做了种种苟且、肮脏的勾当，事后他心中充满了罪恶感，觉得自己当时一定是"恶魔附身"，才会做出那种不可原谅的罪行。

就像有些人一想到"痒"就全身开始发痒般，A 开始觉得身上这边不对劲，那边也不对劲，他认为这是他应得的惩罚。心中渴望忏悔的冲动秘密地导致了心因性的"喑哑"。

他梦见死亡，对自己的妻儿说再见，然后又陷入更深沉的睡眠（昏迷）中，他梦见自己到了地狱，闻到硫黄及身体被火焚烧的焦味。"撒旦"就在这个时候占有了他不洁、脆弱的灵魂。两天后醒来，他即以撒旦之名诅咒上帝，他相信那个"A"已经死了，他该受诅咒。

这就是A被"撒旦附身"的真相。

一旦能将A催眠，冉涅即能控制A的幻觉，将他对那件"不可原谅的罪行"之记忆转换成较不那么严重的形式，并在他幻觉中的关键时刻，带他太太到他面前来，亲口向他说她完全原谅丈夫的不是。

之后，A的意识即慢慢恢复较主动的角色，虽然在夜间仍会梦见地狱里的折磨，但白天清醒时，已能轻松地对自己的迷信一笑置之。不久，A就完全康复了，"撒旦"离他而去，根据冉涅的论文报告，两年之后，未见有任何复发的迹象。

这个离奇的个案同时含有转化型及解离型歇斯底里精神官能症的成分。A先生在商业旅行回来后的"心因性喑哑"属于转化症状，但随之而来的"撒旦附身"则是一种意识解离状态，而且这种意识解离已经达到了"双重人格"的程度。

所谓"双重人格"，顾名思义，是指一个人同时具有两组不同的思想及行为模式。一般说来，患者的第一个人格，也就是他在大部分生活中的人格特征，通常是自制而道德的人格，而第二个人格所表现的态度和行为则刚好和第一个人格相反，它会完全耽溺于各种满足欲望的活动，无所禁忌。

第一个人格通常无法觉知第二个人格的存在，但第二个人格则通常能觉知第一个人格的种种思想及行为，并对他加以嘲笑或鄙视。在本档案中，A先生（第一个人格）知道"撒旦人格"（第二个人格）的存在，但对它却莫可奈何。

在民智未开的时代里，"双重人格"往往被认为是"恶魔附身"，它需要的不是"医疗"，而是"驱魔"，很多宗教都有一套源远流长的驱魔仪式。曾造成举世轰动的电影《大法师》，乃是根据美国一个小女孩的认同及行为改变病历（类似双重人格）大量加油添醋而成，把精神官能症渲染成恶魔附身，它的轰动多少表示现代人对那些古老而神秘的信念，仍残留着难以割舍的异样温情。

冉涅在治疗过程中，与A先生"体内的撒旦"直接打交道，然后将"它"驱出体外，看来颇似驱魔的大法师，但实际上，A是一个双重人格的病人，只是病情极富戏剧性，他的第二个人格刚好以"撒旦"之名出现而已。冉涅无法将A催眠，其实是在表示A的意识对治疗的抗拒，并非"撒旦"有什么神力。

事实上，所谓"撒旦"，我们可以说它是A潜意识里另一个满载罪恶、冲突的"我"的代号，"撒旦"透露的秘密即是病人的"意识自我"所极力压抑的。从这个观点来看，所谓"驱魔"其实就是要驱除病人心中所存在的"魔鬼"，化解他内心深处的冲突，冲突一经化解，"恶魔"就自动消失了。

有些双重人格者两个人格间的差异性极大，大到令人咋舌的地步。譬如利普登曾报告一个病例，某位女性有两个人格，分别是莎拉与玛乌德。莎拉文静忧郁，玛乌德则是一个快活、放浪的女孩，这"两个人"不仅气质不同，其他各方面也都不同：

莎拉打扮朴素，平日穿灰色平底鞋，没有化妆，喜欢蓝色调；而在变成玛乌德后，则会嫌恶地将平底鞋丢到一旁，改穿露趾的高跟鞋，而且涂脂抹粉，指甲和趾甲都涂上蔻丹，头发上并扎着一条红丝带。

莎拉的心智年龄是一九点二岁，智商一百二十八；而玛乌德的心智年龄则只有六点六岁，智商四十三。在言谈之间莎拉使用的词汇较玛乌德多，玛乌德的文法则显得很拙劣，写的字也较幼稚。莎拉不抽烟，而玛乌德则几乎是强迫性地抽个不停。玛乌德没有良心及对错的观念，她对自己乱伦及杂乱的性关系没有罪恶感，而莎拉则对自己过去不道德的性行为有很深的罪恶感。

当莎拉的罪恶感深到她无法承受时，她就突然转变成另一个人——玛乌德，开始放浪形骸，并嘲笑可怜的莎拉。但过了一段时间，玛乌德又会突然变回莎拉，对自己放浪形骸的装扮和举止感到不解。

"双重人格"是电影及小说中常出现的惑人题材，除了《大法师》外，在《剃刀边缘》这部悬疑恐怖的影片里，也对"双重人格"做了很戏剧化的处理，白天文质彬彬的绅士，到了晚上竟变成辣手摧花的恶魔。

史蒂文森的恐怖小说《海德先生与杰克博士》（亦名《化身博士》），也有着类似情节——拘谨的杰克博士在变成邪恶的海德先生后，不仅思想及行为发生改变，连容貌都跟着改变。

小说及电影虽有夸张之处，但并非无中生有，它们描述的原是某些人的"另一种人生"。

档案 10

V 小姐的高尚自我与下贱自我

　　在初始的宗教狂喜体验中，她虽然并未意识到任何与"性"有关的成分，但却在事前及事后均产生一种模糊的焦虑（潜意识的焦虑），特别是事后"手掌上的不舒服感""身体内部在收缩""全身虚弱"等，显然是被"遗忘"的自慰活动的残迹。

"那些熟悉的恶魔再度控制了我的手……我度过了不幸的一夜，可耻的、道德堕落的一夜，直到天亮都没有阖眼。"

V小姐，一个四十九岁的单身女性，因自觉"心理有毛病"而求教于某精神科医师。

她的问题是：在表面上，她是一个稳重、正经的女教师；但在私底下，却不时会被一股强烈的性欲及幻觉所占有。每次发作就会耽溺于幻想之中达数小时之久，而且是一边幻想、一边自慰。

她向医师说，她自觉有两个人格，一个是"高尚的自我"——正经的女教师；一个则是"下贱的自我"——耽溺于性的野兽。但这跟真正的"双重人格"不同，她并没有以"记忆丧失"将这两个人格区隔开来；相反，她的"高尚自我"对"下贱自我"的性活动充满了痛苦与羞耻。

V小姐有写日记的习惯。在日记里，她翔实地记录了自己的行为、幻想、梦、心理冲突等。从这些类似传记的数据里，医师认为她的性冲突显然是来自早年的恋父情结，从她的症状发展、特别是后来与男人交往的形态上，都可见此端倪。

医师的治疗方式是将她催眠，给她催眠暗示，要求她自我克制。在治疗一段时日后，V小姐终于慢慢能控制自己的性幻想与自慰行为，将那恼人的性冲动及幻想驱出自己的意识层面。而且在现实生活里，也成功地断绝了与一位已婚男士的交往，因为她一直觉得这种关系是不道德的。

表面上，治疗似乎发挥了功效。但就在这个时候，V小姐却开始出现了意识解离的症状——经常陷入一种短暂的恍惚状态中，事后却"不记得"到底发生了什么事。只是在心里残留着"宗教狂喜"般的美妙感觉。她觉得这是与"圣灵"神秘结合的体验，并在日记里记载了不少这种体验：

"昨晚，我获得了有生以来最深邃、最有益的生命体验……我很快就进入深沉的睡眠中，在清晨三点左右醒来，心中残留着做了一个被遗忘之梦的模糊记忆。

"在没有特别期待的情况下，我开始觉得对肉体自我的意识正一点一滴地消失，最后不再知觉到自己肉体的存在，似乎只剩下道德与精神自我，而在心中兴起一股越来越强烈、几乎是痛苦的、想和圣灵接触的渴望。

"然后，某种焦虑——完全是精神性的——攫取住我。我不想让自己终止存在，不希望自己变成空无。我想在和此一神秘圣灵结合时，仍能保有自己观照与理性知觉的所有意识。我因害怕而抗拒着，但却也同时了解到所有的抗拒都将是徒劳的。

"心中的那股浪潮不知不觉地升涌，将我高高举起，浪潮以快速的节奏来来去去，然后防线被冲垮了，我停止了存在。在那一瞬间，我觉得又拥有了肉体知觉——脑中响起了铃声，就好像一个人在麻醉药作用下失去意识的感觉，那铃声仿佛从无限遥远的地方传来，是一种思想的回音。然后，一切静止了，我开始下沉（此时她已进入完全的失神状态中，醒来后，对此段时间内的经验是一片空白）。

"当我的意识又开始浮现时，我立刻有一种内心充满光明的愉悦知觉，然后，手指末端出现某种说不出来的不舒服感。接着是觉得很冷、晕眩、四肢和身体内部在收缩，一种全身虚弱和注意力涣散的感觉像波浪般淹没了我。于是我竟不由自主地低泣起来，好不容易扭亮电灯，发现已是凌晨四点。我从床上爬起来，将窗户关上，用冷水洗把脸。"

这些记录，看起来确实是一种神秘的体验。但在接下来的日记里，她对这种"宗教狂喜"经验的感受，开始出现"肉欲的""肉体之爱的欢愉""那最后的一点""巅峰"等形容字眼。她也越来越期待这种在午夜出现的狂喜失神体验，终于在有一天晚上：

"当我上床后，心里一直萦绕着那就要降临的美妙体验，回想它所带给我的种种喜悦和力量，竟因为太过兴奋而无法入睡。

"也不知道自己是在什么时候又进入那种体验之中，但突然之间，我发现自己正面临一场道德的搏斗，感觉到那些熟悉的恶魔再度控制了我的手（她突然发现自己在自慰）……我度过了不幸的一夜，可耻的、道德堕落的一夜，直到天亮都没有合眼。"

原来那些美妙的、与圣灵结合的宗教体验，乃是一如往昔的性幻想与自慰。

V小姐原先自认为是个"双重人格"者，其实她有的只是"超我"（依道德原则来行事）与"原我"（依快乐原则来行事）间的冲突而已，她的"自我"（依现实原则来行事）对此感到痛苦，而去寻求心理治疗。但医师"要她自制"的催眠暗示，事实上并没有化解心结的功能，反而是要将原有的冲突强行压制下去。结果，表面上，她的"下贱自我"消失了，但被潜抑下去的性冲动却另外找到一个发泄的管道，而使她变成真正的"解离型歇斯底里精神官能症"。所谓的"宗教狂喜"体验，其实就是她昔日"下贱自我"的活动，只是现在被"记忆丧失"区隔开来，而且获得"美化"而已。

但这种区隔也并未完全成功。在初始的宗教狂喜体验中，她虽然并未意识到任何与"性"有关的成分，但却在事前及事后均产生一种模糊的焦虑（潜意识的焦虑），特别是事后"手掌上的不舒服感""身体内部在收缩""全身虚弱"等，显然是被"遗忘"的自慰活动的残迹。慢慢地，性的成分越来越浓，最后，道德的自制崩解，无法抑制的性冲动又整个浮升到意识层面来。

　　客观而言，当 V 小姐以"高尚"和"下贱"这两个语汇来形容她的两个"自我"时，就已说明了她问题的症结所在。她既没有她认为的那样"高尚"，但也没有她觉得的那样"下贱"；也许放轻松点，她就能好过一点。

档案 11

妙龄女郎的三个我

一个人的思想及行为既然可以"解离"成两组、三组，那么也可能"解离"成更多组。事实上，很多"多重人格"患者在漫长的心理治疗过程中，常会被"挖掘"出越来越多的人格，譬如有名的"三面夏娃"案例，医师原来认为患者只有三个人格，但后来又出现了第四个、第五个……人格，在前后十八年的精神分析后，发现她总共有二十一个人格。

在越来越深的催眠中，发生了一件奇怪的事：她好像变成了另一个人，从她的嘴里冒出的是另一个女孩的声音。

一个名叫克丽丝汀的妙龄女郎，因"意志力丧失"及"肢体运动失调"等毛病，而被介绍到有名的精神科医师普林斯（M.Prince）处求诊。

因为症状看起来像歇斯底里症，普林斯决定以催眠术来寻求她的病因。克丽丝汀是一个理想的催眠对象，很快就进入催眠状态中，但在越来越深度的催眠中，却发生了一件奇怪的事：

克丽丝汀好像变成了另一个人，从她的嘴里冒出的是另一个女孩的声音，而且以轻蔑的口气将克丽丝汀称为"她"。

"但你就是'她'呀！"普林斯充满兴味地说。

"不，我不是。"那个声音斩钉截铁地说。

普林斯知道他看到了克丽丝汀的另一个人格。

这个人格自称是莎莉，她的言行举止完全不像克丽丝汀，从说话的语气上就可感觉出她是一个淘气、喜欢开玩笑、精神高昂的女孩子（克丽丝汀则是传统文弱型的女孩）。莎莉以不屑的语气说克丽丝汀是个优柔寡断、软弱的"笨好人"，她似乎知道克丽丝汀的一切，但克丽丝汀显然不知道莎莉的存在。

在开始时，莎莉只会说话，而无法张开眼睛（因为在深度催眠状态中的克丽丝汀是闭着眼睛的）。但慢慢地，莎莉自己能张开眼睛（也就是说让闭着眼睛的克丽丝汀张眼），在获得行动自由后，她即将她的"豪放女"作风表露无遗，譬如向普林斯要香烟抽、要酒喝，说话时还将两脚跷到桌面上。

但在解除催眠，克丽丝汀又从恍惚状态中醒转过来后，却对自己手上拿着烟、双腿跷在桌面上的"非淑女动作"感到惊骇莫名。

有一天，普林斯打电话到克丽丝汀的住处，结果又发生另一件更奇怪的事：接电话的居然又变成另一个女人。从语气上听起来，她似乎是一个成熟、有责任感而且自制的女性。她误以为普林斯是一个名叫威廉·钟士的男人，她警告他最好不要来，否则她将要对他不客气。

这个成熟女性是克丽丝汀的第三个人格，普林斯将她称为 B4（克丽丝汀及莎莉则分别是 B2 及 B3）。

随着治疗的进展，事情也慢慢明朗化。原来克丽丝汀拥有三个人格，在日常生活里，刁蛮的莎莉会不时"出来"取代温雅的克丽丝汀，而负责任的 B4 则经常扮演收拾残局者。莎莉和 B4 彼此厌恶，对于莎莉开的玩笑，克丽丝汀往往只是将它当成悲惨的命运般被动地接受，而 B4 对这些玩笑则深恶痛绝。

譬如有一次，克丽丝汀搭火车准备到纽约找一份像样的工作，但在火车上，莎莉却突然冒出来，她在中途下车，到一家餐厅去当女侍，克丽丝汀觉得这件工作无趣而让人疲惫，但也无计可施。后来，B4 出现，她走出餐厅，当掉克丽丝汀的手表，买车票准备回波士顿。但在途中，莎莉又冒出来，她刁难 B4，拒绝回到克丽丝汀在波士顿破旧的小屋，反而到别处租了一间新房子。最后，克丽丝汀"醒来"，却发现自己睡在一张奇怪的床铺上，她不知道自己置身何处，也不知道从何而来。

克丽丝汀觉得她的生活，就像这样由难解的片段组合而成。

B4 所提到的钟士，后来被证实是导致克丽丝汀人格解体的关键。原来克丽丝汀的父亲是个不负责任的酒鬼，她的童年是一片悲惨的灰色。钟士是克丽丝汀家的一位友人，对克丽丝汀很好，小小的克丽丝汀将她的情感都投注在钟士身上。在后来的回忆里，她仍认为钟士是一个正直、如神一般的男人，拥有她父亲应该具备的一切优点。

当克丽丝汀十三岁时，她母亲不幸去世，克丽丝汀更孤苦无依，整天泪流满面，也就在这个时候，她开始出现梦游的症状。

十六岁时，为了逃避酗酒的父亲，克丽丝汀离开了家，在一家医院找到担任护士的工作。她仍和钟士保持联络，经常去找他。有一天晚上，喝了酒的钟士到护士宿舍来找她，这位克丽丝汀心目中的"替代性父亲"却忽然露出狰狞的嘴脸，企图强行非礼克丽丝汀。

克丽丝汀本人似乎"忘记"了这件事，将此一创伤经验透露给普林斯医师的是莎莉，她说："从那以后，克丽丝汀就变得怪异，郁郁寡欢。"B4也记得那天晚上所发生的事，但她对那晚以后的事却又毫无记忆。

普林斯认为，克丽丝汀和B4才是他病人的"真正自我"，于是他利用催眠暗示，尝试将这两个人格整合，至于那刁蛮的莎莉，普林斯则决定将她"驱逐出境"，或者说将她潜抑到克丽丝汀潜意识的最底层。

1905年，普林斯首度发表他的治疗报告，在报告里，克丽丝汀似乎又恢复成一个正常、健康的女性。但在1920年的修订版著作里，普林斯又说，莎莉并未真正消失，她仍偶尔会冒出来，向克丽丝汀开一些刁蛮的玩笑。

这是一个"多重人格"（multiple personality）的个案。"多重人格"可以说是一个肉身含有"数缕不同的灵魂"，是解离型歇斯底里精神官能症中最离奇的一种现象。

一个人的思想及行为既然可以"解离"成两组、三组，那么也可能"解离"成更多组。事实上，很多"多重人格"患者在漫长的心理治疗过程中，常会被"挖掘"出越来越多的人格，譬如有名的"三面夏娃"案例，医师原来认为患者只有三个人格，但后来又出现了第四个、第五个……人格，在前后十八年的精神分析后，发现她总共有二十一个人格。

多年前，美国有一位名叫比利·米利根的二十二岁男性，被控以诱拐与强暴的罪名，唯一能使之免于罪刑的理由是"精神异常"。而在精神鉴定中，精神科医师发现他竟然有二十四个不同的人格，其中有两个人格是"妇女"，还有一个"小女孩"的人格。另外，在他的众多人格里还有一个"英国人"、一个"澳大利亚人"及一个"南斯拉夫人"，当他以"南斯拉夫人"的人格存在时，所说和所写的都是塞尔维亚–克罗地亚语和文字。在两个"妇女"人格中，有一个是女同性恋的诗人，而"南斯拉夫人"则是武器及军需品专家。另外有两个人格则是作奸犯科的罪犯。但最令人感到惊讶的是这些人格彼此独立，并不晓得有"其他人"存在。

弗洛伊德的"潜抑说"，为多重人格的"功能"提出了令人信服的解释，譬如本档案中的克丽丝汀，她潜抑钟士对她的非礼，而由莎莉来"保有"对这件事的记忆，正是保护自己免于哀伤的一种心理自卫机转。但为什么会一个人格接着另一个人格浮现，而且像"走马灯"一样"轮转"呢？

目前对多重人格者的不同人格是如何形成的，已有一个比较清楚的了解。研究者发现，他们都是从小就开始创造、发展其不同人格的，而且几乎无一例外，其产生不同人格的动因都是童年时代曾受到虐待与伤害。本档案中的克丽丝汀，童年是"悲惨的灰色"，"整天泪流满面"；前述的比利·米利根也说他小时候受他继父的责打与性虐待；"三面夏娃"的主人翁克丽丝·寇丝特娜·萨依兹摩也是从小即经常因小小的过失而被严厉鞭打。

这种小孩后来变成多重人格者，可能是想借进入"自我催眠"的状态幻想自己是"另一个人"来摆脱那些创伤。譬如克丽丝汀在她自传性的小说《我是夏娃》里回忆说，当她童年看到一个将要溺毙的男人的可怕躯体时，她突然

"看到"另一个女孩也在注视那个可怕的躯体，只是她明亮的蓝眼平静安详，毫无惧色，这"另一个小女孩"就是她后来发展出来的"另一个人格"。

多重人格者多半很容易进入催眠状态中，有一个多重人格者即说："在我晓得什么叫作催眠后，我才知道我年轻时代很容易就进入那种恍惚状态中。我常坐在某个地方，闭上眼睛幻想，直到觉得身心极度松弛为止，这就是大家所说的'催眠'。"

在生理层面，近年也有一些重大的突破。20 世纪 80 年代，美国"精神卫生署"研究十个有"多重人格症候群"的人——每个人至少都有三个人格，测定他们在不同人格状态时的脑波，以计算机化的脑波仪量度他们的"诱发波"——指脑部对某些特定刺激（如闪光）做反应时的脑波活动，这种"诱发波"每个人都不一样，而且相当稳定，是客观辨别张三李四的好方法。结果发现，同一个病人，在不同的人格状态中，他们脑波的"诱发波"都不一样。

研究员另外以正常人做对照组，要他们"想象"自己变成另一个人，有不同的言行举止、思维观念等，然后测定其脑波，结果发现，正常人不管如何想象、伪装，他们脑波中的"诱发波"都维持不变。

"精神卫生署"的研究员因此认为，多重人格的症状并非精心伪装或刻意为之，而是人格的真正转移，当他们由 A 人格变为 B 人格时，脑部活动也跟着发生有意义的变化，而且在不同的人格状态中，其脑部处理知觉讯息的方式也可能不一样。

另外，语言病理学家勒德洛（C.Ludlow）也证实多重人格者在不同的人格状态下，具有不同的声音形态。对一般人来说，这种声音形态是相当固定的，即使是经验老到的演员，在改变腔调时，也无法改变他们的声音形态。而且，多重人格者在言谈、举止、姿态等诸多方面改变的程度，也是任何演员望尘莫及的。

心理学家普特南说，其实我们每个人都比我们所愿承认的更具有多重人格的倾向。他说这是一个"连续相"的问题，在此连续相的一端是白日梦者，另一端则是多重人格者，我们看过一些很情绪化、心境多变的人，他们的人格及心灵可以说有"中等度"的多重性。而我们每个人在不同的情境下也会有不同的行为反应，譬如一个广告公司的经理在公司摆着脸孔训人，但周末在海滩却成为一个拈花惹草的花花公子；而一个胆小如鼠的母亲，在遇到危难时，却成为奋不顾身保护儿女的勇士。我们在新的情境下经历了新的角色，但事过境迁后我们可能说，"我无法相信我那时会那样做"，我们无法将这个"新自我"整合入原有的自我形象里。

多重人格者被视为病态，因为他们的多重自我彼此并不相互"认识"，治疗的目标是以催眠术让他们的不同人格"互相认识"，并帮助其核心人格（原有人格）将这些多重自我整合为一，而且要他们学习不必借"分裂"其内在的自我来面对外在的危机。

克丽丝汀在治疗后，认识了自己各种不同的人格，她说："现在我看到她们都在我的心里，这是一个控制的问题，我可以选择而且成为我想做的人，其实我们都在下意识里这样做。现在我非常了解自己，也许比大多数人都更加了解自己。"

希腊先哲说："认识你自己。"这句格言也许应该改成"认识你的多重自我"才更加贴切，很多具有创造才华的艺术家如杜斯妥也夫斯基、歌德、莫泊桑等，都有过对自己想象中的另一个自我感到迷惑的经验，也许多重自我（或人格）并不如一般所认为的那样罕见，每个人在内心里都存在着另一些想象的自我，只是程度有别而已。

档案 12

动物园里的异色之梦

　　所谓"焦虑"，几乎是每个人都有过的体验。在主观的心理感受上，它让人自觉甚为痛苦，但又无法精确描述其感觉，"坐立不安"是最常被提到的形容词。在客观的生理变化上，则有心跳加快、呼吸窘迫、头重脚轻、眩晕、胃痛、频尿、脸红、颤抖、手心冒汗、失眠、易倦等因交感神经过度兴奋而出现的症状。

在梦里，她听到黑暗中传来奇怪的声音。附近的动物园管理员对她说："那是动物交配的声音。"然后，她看到……

二十三岁的 R 小姐，八个月来，经常出现心跳加快、呼吸窘迫、手心冒汗、失眠等所谓的"焦虑"症状，因而到精神科求诊。

她说她从日常生活里找不到有什么让她焦虑的原因，只是有一点特别奇怪：每当要发作时，她脑中就会不意浮现自己与父亲裸体相拥的影像，结果就产生上述的症状。她拼命想"抹去"那个影像，但它总是每隔一段时间就会自动浮现。

在追述自己的过去时，R 小姐说她小时候很喜欢父亲，和父亲很亲密；但长大后却变得讨厌父亲，并尽量避免跟他在一起。大约就在八个多月前，父亲对她特别好，而且在她需要金钱时，适时地给她经济帮助。但就在这段时间后，她突然出现了上述症状。

在数次心理面谈后，R 小姐说她现在才想起来，第一次的焦虑发作是在做了一个噩梦醒来之后出现的，那个梦魇刚好发生在与父亲过从较密的那几天。

她梦见自己深夜置身于动物园中，听到黑暗中传来奇怪的声音。附近的动物园管理员对她说："那是动物交配的声音。"然后，她看到一头灰色的大象躺在地上，当她更仔细看时，那头大象将它的左后腿抬起又放下，似乎想站起来。

她在极度恐慌中从梦中惊醒过来，全身冒冷汗。从那一天起，即有日增的焦虑感。

　　医师觉得她这个梦可能含有特殊的象征意义，便鼓励她对梦境做自由联想。就在自由联想中，她第一次回忆起下面这段已经忘怀的童年经验：

　　她说她直到五岁大时，都睡在父母卧室里的一张小床上。有一晚她醒来，看到父母正性交，当父母发现女儿醒来后，很快就分开了。但她仍记得自己当时看到了父亲勃起的阳具，父亲像梦中的大象般抬起左腿，想坐起来用被单遮住身体。

　　这些回忆并不是一股脑儿地呈现，而是从 R 小姐在多次自由联想时的点滴片段拼凑起来的。因为她在联想时，心神极度不宁，常需休息片刻以克服她的焦虑。

　　但在说完这个故事后，她的焦虑及不时浮现的"与父亲裸体相拥"的影像就消失了。几天后，前述心跳加快、呼吸窘迫的症状也消失了。

解说

　　这是一个"焦虑性精神官能症"（anxiety neurosis）的病例。

　　所谓"焦虑"，几乎是每个人都有过的体验。在主观的心理感受上，它让人自觉甚为痛苦，但又无法精确描述其感觉，"坐立不安"是最常被提到的形容词。在客观的生理变化上，则有心跳加快、呼吸窘迫、头重脚轻、眩晕、胃痛、频尿、脸红、颤抖、手心冒汗、失眠、易倦等因交感神经过度兴奋而出现的症状。

　　适度的焦虑，是为了提供更多的能量，以应付生活考验的"身心动员"，譬如在大学考试的前几天，很多考生都会有轻微的焦虑现象，这属正常现象。但如果很小的问题也产生很大的焦虑，或外在威胁已消失，但焦虑的程度并未减轻，乃至于不知道为什么会出现所谓"无名的焦虑"或"飘忽的焦虑"，这就属于病态的范围。

"焦虑性精神官能症"指的主要就是病态的焦虑。病态焦虑的"无名反应"或"过度反应",若仔细分析,通常可以发现它其实都涉及当事者过去的心理冲突。

弗洛伊德可能是第一个注意到它的心理因素的医师,"焦虑性精神官能症"也是他首先使用的病名。为什么会产生焦虑呢?弗洛伊德及其后的精神分析学家认为,每个人都有原欲(libido),这些原欲像火球一样是一种神经能量,它包括性、攻击等本能的冲动,但在个人成长过程中,"自我"会将不被允许的本能冲动潜抑到潜意识中,若被禁止的本能冲动又被某种因素所唤起,就会造成内在威胁,此时"自我"即会运用各种防卫机制来围堵它、压制它,但压制通常只获得部分的成功,这种"努力"在意识层面即被当事者体验为"精神的痛苦",同时造成自律神经系统的失调,而在生理上呈现心跳加快、呼吸窘迫、手心冒汗等神经生理反应。

本个案中的 R 小姐,她的焦虑症状是在与父亲过从较密后才发作的,从精神分析的观点来看,此一经验唤起了她潜意识中的"俄狄浦斯情结"(Oedipus complex,在男性为恋母情结,在女性则为恋父情结)。这个翻腾而出,却被禁止的本能冲动对她造成"内在威胁",遂爆发为焦虑性精神官能症。

令患者感到恐慌的那个噩梦,可以说是"原景经验"(primal scene,意指幼童目睹父母性交所产生的心理冲击)的象征性重现。R 小姐小时候和父亲很亲密,但长大后却讨厌父亲,这种"讨厌"可以说是压制、防堵其恋父情结的一种"反向作用"(reaction formation)。但当父亲再度"对她很好"时,她心中所浮现的"与父亲裸体相拥"的影像却泄露了她潜意识里的秘密。这个影像跟梦中的影像相互呼应,都在暗示她与父亲的关系是她心中未解决的一个疙瘩。

对于这些尘封已久,已成明日黄花,但却是今日症状之来源的欲望与恐惧,医师鼓励她用业已成熟的理智去烛照它,终于为她带来了解脱。

档案 13

都是壁纸惹的祸

　　在精神官能症的成因方面，精神分析偏重于"内在威胁"，而行为主义则偏重于"外在威胁"，但严格说来，每一个外在威胁都会唤起我们过去在类似情境中的经验，而又使它成为一种对内在安全的威胁；反之，内在安全失去平衡，又通常是由外在情境的某种改变所诱发的。

每当在焕然一新的卧室里想和妻子燕好时，他心里即会莫明其妙地产生一种焦虑不安的感觉，使他无法勃起。

一个中年男子，在将屋子重新装潢后，却发生了一件怪事：他变得性无能了。

每当在焕然一新的卧室里想和妻子燕好时，他心里即会莫明其妙地产生一种焦虑不安的感觉，使他无法勃起。

为了"试验"自己的性能力，他背着太太偷偷到外面找别的女人，结果"证明"没有问题。难道是自己对太太失去了"性趣"不成？答案似乎也是否定的，因为他有几次和太太外出旅行，住到旅馆里，在旅馆的床上，他又变得生龙活虎，一点毛病也没有。

但以旅行来治疗性无能，在时间和金钱上都是不可能的，所以他去找精神科医师。几年的精神分析后，医师和他共同挖掘出不少童年时代的往事，医师告诉他，他的性无能是来自未解决的"俄狄浦斯情结"（恋母情结）。这个解释也许满足了医师本身的理论癖，但对他性无能的改善却少有帮助，因为在家面对太太时，他还是欲振乏力。

最后，他转而去找一位行为学派的心理学家。这个心理学家也追问病人的过去，不过他的着眼点和精神分析学家不同，他注意到病人有过的一件特殊往事：

原来患者在青年时代，曾和一个有夫之妇发生性关系。有一次，当两人正在床上浓情蜜意、翻云覆雨时，那位女士的丈夫突然撞进来，捉奸在床。结果他被那位女士的丈夫狠狠地修理了一顿。他自知理亏而没有还手，在被殴辱后他感到极不舒服，但只是将头靠在壁上，两眼呆呆地望着墙壁。

这是一种非常特殊的经验。心理学家问他当时"看到的是什么"，他说自己呆呆望着的是"墙上的壁纸"，而且好像看了很久。

心理学家要他回想当时墙上壁纸的颜色和图案，结果发现，病人现在和他太太的卧室所贴的壁纸，与当年他被捉奸而受殴辱的房间壁纸非常类似。

至此，心理学家终于为他的性无能找到了"情境性的因素"——就是他们现在卧室内的壁纸。壁纸才是让他感到焦虑不安，进而欲振乏力的罪魁祸首。这也可以说明为什么当他和太太在别的地方做爱时，就不会有性无能的现象。

心理学家给他的处方相当简单：更换卧室的壁纸。结果，病人的性无能即不药而愈，而且婚姻适应及其他行为也都获得了改善。

有相当多的性功能失常是来自所谓的"演出焦虑"，因为焦虑不安而产生无法勃起或早泄等现象。

本档案中的这位男士，他的症状也属"性演出焦虑"，只是原因比较特别，居然是来自卧室里的壁纸，而且自己不知道是壁纸惹的祸。照理说，壁纸是"外在威胁"，它所激起的情绪反应应该是"畏惧"，但在这个个案里，因为他并不知道他"怕"的其实是壁纸，而是在有着这种壁纸的卧室里要和太太行房时，就会产生"莫名的焦虑"，所以本档案应该是属于"焦虑性精神官能症"。

弗洛伊德曾认为，俄狄浦斯情结是所有焦虑的根源（就像本档案中的那位精神科医师所指陈的），但从这个病例可知，当事者个人过去的其他经验其实也扮演了一个相当重要的角色，将所有"莫名的焦虑"都归因于"难以查证"的俄狄浦斯情结，是一种削足适履的做法，好在现在也少有人做这种坚持。

根据行为主义的学习理论，患者在青年时代当场被捉奸而受殴辱的事件，曾让他产生非常强烈的痛苦、恐惧、羞愧与焦虑反应，当时他所看到或听到的任何事物，都可能成为连带的"制约刺激物"（conditioned stimulus），和痛苦、恐惧、羞愧与焦虑等情绪反应产生"联配关系"。病人在被殴辱时，呆呆地看着墙壁上的壁纸，因此，壁纸就成了"制约刺激物"，和"性焦虑"产生联配关系。

患者现在虽然不虞再被捉奸，但壁纸仍可能成为强烈的性焦虑反应的来源，交感神经的焦虑反应抑制了由副交感神经控制的阴茎勃起，于是导致性无能。

在实验室的"制约学习"实验中，"制约刺激物"与焦虑反应通常需反复进行始能建立联配关系，但在现实生活里，这种配对通常只出现一次，而且纯属巧合（如本档案里的壁纸与被殴辱经验），为什么也会使患者在往后漫长的岁月里，对中性的刺激物也产生焦虑反应呢？

晚近的行为主义者认为，这是因为可以减轻患者焦虑的"回避行为"具有强化作用的关系，譬如本档案中的患者，虽不是在有着同样壁纸的房间内"反复被捉奸"，但看到那种壁纸即无法勃起以减轻焦虑的行为，却在日常生活里反复出现，这种回避行为正好可以强化他的症状。

在精神官能症的成因方面，精神分析偏重于"内在威胁"，而行为主义则偏重于"外在威胁"，但严格说来，每一个外在威胁都会唤起我们过去在类似情境中的经验，而又使它成为一种对内在安全的威胁；反之，内在安全失去平衡，又通常是由外在情境的某种改变所诱发的。因此，在产生焦虑的机转上，若从这点来看，精神分析与行为主义其实并没有太大的差别。

档案 14

重返床榻的丈夫亡灵

病人的焦虑可以说是来自她在丈夫生前对丈夫的敌意，及在丈夫死后因前述敌意而产生的罪恶感。当丈夫缠绵病榻时，她希望摆脱照顾他的责任；丈夫死后，她又连忙搬家，想摆脱跟丈夫有关的一切。但她的梦魇却泄露了她潜意识里的心事，那"伸出手要拉她一起去的丈夫"正是其内心罪恶感的化身。

在梦中，她看到死去的丈夫来到她的床边，伸出手来拉她，好像要带她走。她从梦中惊醒，有一种恐怖和不祥的感觉。

一个六十三岁的老妇人，因为呼吸困难、胸痛、心跳加快与心悸等症状，而自行搭出租车到医院急诊处求诊。

医师怀疑是急性心肌梗死。在详细检查之后，虽然心电图及生化检查方面都找不到特别的心肌病变证据，但因症状看起来非常危急，她仍在"急性心肌梗死"的诊断下，住进了内科加护病房。

在加护病房住了三天，症状改善了许多，于是将她转到一般病房，但仍维持"急性心肌梗死"的诊断，虽然进一步的检查还是找不到支持此诊断的证据。

在一般病房住了两个礼拜后，因已无症状，医院决定将她转到养老院（因为病人目前独居，在家乏人照顾）。但她知道这个消息后，即变得非常沮丧，对离开医院表现出极度的不安，而一再要求医护人员的关爱与保证。内科医师因此请精神科医师来会诊，希望帮她渡过难关。

在短暂的面谈后，病人即透露如下的心事：

原来在三年前，她丈夫因第二次的心肌梗死发作，而病逝于这家医院。在他死前，曾缠绵病榻数月之久，她日夜照顾着丈夫。表面上，她什么都没说，但内心却对自己长期担任护士角色深为怨怼，她希望丈夫最好一个人住到养老院去。当然，丈夫不主动提出来，她也只能认命地克尽一个妻子应有的职责。

丈夫死后，她好像获得重生般，立刻搬到一栋新的公寓去，家具也都换新的，显然是想断绝跟过去有关的一切。

就在她发病前六个礼拜的某天晚上，她做了一个噩梦：在梦中，她看到死去的丈夫来到她的床边，伸出手来拉她，好像要带她走。

她从梦中惊醒，有一种恐怖和不祥的感觉。她吓得不敢再在那个房间睡觉，而半夜起来将床垫和被单等都搬到客厅，改在客厅打地铺。而且从那天以后，她每晚都在客厅的地板上睡觉。

就在她住院的当天清晨，她又做了同样的噩梦，梦中惊醒后，她极度恐慌，觉得呼吸困难、胸痛、心脏怦怦乱跳，好像快要死了，于是连忙叫了一辆出租车，前往医院急诊处，结果，就因为上述症状而被诊断为"急性心肌梗死"发作。

面谈之后，精神科医师认为她的症状并非急性心肌梗死，而是焦虑性精神官能症的发作，她不必而且也不宜到养老院去。于是在这个新诊断下，让她出院回家，然后再安排她接受进一步的心理治疗。

解说

丈夫的亡灵重返床榻，伸手要接她走……听起来似乎有某种诡秘的灵异气氛，但其实是一个"焦虑的梦"。

病人的焦虑可以说是来自她在丈夫生前对丈夫的敌意，及在丈夫死后因前述敌意而产生的罪恶感。当丈夫缠绵病榻时，她希望摆脱照顾他的责任；丈夫死后，她又连忙搬家，想摆脱跟丈夫有关的一切。但她的梦魇却泄露了她潜意识里的心事，那"伸出手要拉她一起去的丈夫"正是其内心罪恶感的化身。

心跳加快、呼吸困难、胸痛等，固然是焦虑引起的神经生理反应，但似乎也是她丈夫心肌梗死症状的模仿，她终于也像她丈夫一样，被诊断为"心肌梗死"而卧病在床。无巧不成书，到后来，院方竟然要将她转到"养老院"，这等于是她心事的重演，难怪她要不安地抗拒了。

潜在的敌意与罪恶感也是引发焦虑的一个常见心理因素，除了本案例这种形态外，还有其他类型，譬如有一位十八岁的男学生，在和异性约会之前常会出现严重的焦虑症状，但不是因为紧张，而是另有不可告人的原因。

这位男生的外表并不吸引人，可以说很难得到异性——特别是他看上眼的异性的青睐，但他还是想办法找机会和异性约会。他最近约会的女孩子，通常要等到下午六点，确定没有其他更好的男孩子来邀她时，才会答应他的约会。这种"聊胜于无"的约会使他原本非常强烈的自卑感及不安全感益形加剧，在潜意识里，一种对异性的敌意慢慢滋长着。

慢慢地，当他和这个女孩子在一起时，开始有了"将她捏死"的幻想。他说："当我单独和她在车内时，我的脑海一直浮现她那细白的喉咙，我真想捏死她。"起先，他总能挥去这个要命的念头，但随后的几次约会，这一想法却又一再重复出现。终于在某一天晚上，当开车要去载那位女孩子出来时，他在车上忽然觉得自己的心脏狂跳，好像就要死掉似的，还好在几分钟后就又慢慢恢复了正常。但此后，每当他要和这位女孩子约会之前，即经常出现类似的焦虑发作。

在这个个案里，当事者对异性潜在的敌意是导致他焦虑发作的主因，而他之所以对异性产生敌意，乃是他自觉被异性瞧不起，自己的内在安全感受到威胁所致。

档案 15

告密的心脏

　　一个原本缺乏安全感的人，在好不容易经由某种形式构筑让他安心的安全堡垒后，则踏出此一堡垒的任何行动，即使是出于自己的想望，也可能引发焦虑。

　　一个事业有成的商人，在爱上年轻漂亮的女性，而想和比他大八岁的妻子仳离时，心脏竟令他难受地狂跳起来。

　　一个中年商人，事业相当成功，但就在看似一帆风顺时，却每隔两三个月就会突然出现心跳加快、呼吸困难等急性的焦虑发作。

　　此一恼人的焦虑发作，跟他的婚外情几乎同时出现。

　　原来这位商人的妻子比他大八岁，在刚结婚时，他觉得太太有一种成熟的风韵，但现在她却已人老珠黄，对他几已无任何肉体上的吸引力。而他自己还值盛年，对年轻的女性却有着日增的兴趣，但在相当长的一段时间里，并未有实际越轨的行动，只是在心里幻想自己的太太如果既年轻又热情的话，那该有多好。

　　幻想是行动的前奏，当他这样想时，果然遇到一位迷人的年轻女性，他很快坠入爱河，背着太太和这位女性双宿双飞，不久，就爆发了上述的急性焦虑发作。

　　他因焦虑的症状而去找医师，医师在探询他的过去时才知道，他是在穷困而险恶的环境中度过童年的，在残酷的世界中，他一直觉得自卑、不安全、受威胁，但也一直想摆脱这种情境。在大学二年级时，他惨遭退学，这更加深他上述的感觉，但事实上，被退学是因他在外兼差太多造成的。

　　后来，他和一个年纪比他大很多，而且非常坚强的女人结婚，像母亲一般的妻子总算给他带来了安全与自信。这种婚姻关系也使他在经济上获得相当成功，他说他目前所过的生活是年轻时候"连梦想都未曾有过的"。

但现在他不仅另结新欢，而且兴起了想和这位年轻漂亮的女人结婚的念头。如此一来势必要和他原来的妻子仳离，而妻子却是他个人安全、自信与成就之所系，在内在安全受到威胁之下，他遂爆发了焦虑症状。

在这个"焦虑性精神官能症"的个案里，另结新欢且想要再婚的念头使患者面临了人生的抉择，抉择意味着改变，而改变也是引发焦虑的一个重大因素。

对这位中年商人来说，他的焦虑可能有两个来源，一是外遇所带来的罪恶感，我们可以称为"道德的焦虑"；另一则是想和代表他"内在安全"的妻子仳离的想法，我们可以称之为"分离的焦虑"。

一个原本缺乏安全感的人，在好不容易经由某种形式构筑让他安心的安全堡垒后，则踏出此一堡垒的任何行动，即使是出于自己的想望，也可能引发焦虑。

有一位男士因工作的关系，必须经常离开家人单独去旅行。在出发前几天，每当他想起即将来临的旅行，就会觉得胃部怪怪的、脸部发烫、手掌心冒出一大堆汗来，而且不由自主地幻想在途中可能发生什么不测的意外，将使他的家人沦为可怜的孤儿寡妇，结果原本应该相当有趣、有收获的旅行变成了毫无乐趣的重担。虽然这种焦虑还不至于影响他的工作和日常生活，但却是一种相当不愉快的经验。它总是在他要出发的当天达到顶点，要等到真正上路，才能获得解脱。

焦虑是一种预期，就好像参加大专联考的考生，在考前会有预期焦虑，要等到进入考场后才能获得"解脱"，这原是人面临考验时的正常反应。但在这个个案里，旅行应该是受期待的乐事，他的"预期焦虑"显然也是一种

"分离焦虑"，也就是离开家这个安全堡垒对他所造成的内在威胁。

本档案中的这位中年商人，因外遇及想和妻子离婚的念头导致他的"心脏狂跳"，让笔者想起爱伦·坡的一篇小说《告密的心脏》：一个年轻人在杀了隔壁的老头，并将他分尸灭迹后，面对警察的临检，他因突然听到自己"越来越急速，越来越高昂的心跳声"而自动向警方招供——这个年轻人加速的心跳泄露了他心中的秘密。本档案这位中年商人加速的心跳也泄露了他心中的秘密，只是他并没有因此而向妻子招供。

不敢坐船的单身女子

　　所谓"畏惧性精神官能症"是指一个人对某一特殊的物体、活动或情境产生一种强迫、持续而且不符事实的极端害怕，他明知这种害怕与实际的危险性相较之下是不合理的、不当的，但就是怕，而且因这种非理性的害怕，而对所害怕的特殊物体、活动或情境产生回避行为。

因为怕看到船，她对可能有船出没的海边和湖边都敬而远之，最后，连在街道上看到船的照片也会浑身不舒服。

一个二十八岁的女士，依然小姑独处。

她有一个奇怪的毛病：不敢坐船。不是会"晕船"，而是"惧船"，一看到船就觉得头晕目眩、两腿发软、手心冒汗。

因为怕看到船，所以对海边或湖边等可能看到船的地方也都敬而远之。最后，连在街道上或人家家里看到船的照片，也会浑身不舒服，常惊恐地连忙避开。

这种毛病为她的日常生活带来了若干不便与困扰，于是她去寻求精神科医师的帮助。

在分析治疗过程中，医师发现她在情窦初开时，即对性有强烈的兴趣，但对它也有着莫名的恐惧。在她的幻想里，认为性交会使女性的性器严重受伤。

少女时代，她交了一个男朋友，有一次搭男友的船出游，在船上，她情不自禁和男友发生了短暂、实验性的性关系。事后，她心里一直惴惴不安，觉得母亲已经"看出"了她所做的坏事，只差没有当面责备她而已。

在自觉母亲不赞同的情况下，她变得极为沮丧，也断绝了与那位男友的交往。

不久之后，她就爆发了前述的惧船症。

这是一个典型的"畏惧性精神官能症"（phobic neurosis）病例。

每个人都有过害怕的经验，这些害怕有很多是正常的，一个人在敌人枪管的瞄准下，双腿颤抖、屁滚尿流，这是合理的"害怕"；但如果他走在大街上，因害怕大厦突然倒塌下来将他压得粉碎，而变得寸步难行，这就是非理性的"畏惧"了。所谓"畏惧性精神官能症"是指一个人对某一特殊的物体、活动或情境产生一种强迫、持续而且不符事实的极端害怕，他明知这种害怕与实际的危险性相较之下是不合理的、不当的，但就是怕，而且因这种非理性的害怕，而对所害怕的特殊物体、活动或情境产生回避行为。

俗语说"一朝被蛇咬，十年怕草绳"，它表示对"草绳"的害怕或者畏惧，乃是来自以前"被蛇咬"的经验。他真正害怕的是蛇，以致后来连与蛇类似的草绳也都害怕，而且被蛇咬的只是"一朝"，但却带来了"十年"的害怕。这句俗语很传神地表达了畏惧性精神官能症的一些特色：一、它来自个人过去的经验；二、现在畏惧的对象与过去的真正畏惧对象间有一种类似、象征的关联；三、它得来容易，却难以消除。

从精神分析的观点来看，畏惧性精神官能症是当事者以"转移作用"（displacement）及"回避作用"（avoidance）这两种心理防卫机制来压制潜意识里的本能冲动所致。

1909 年，弗洛伊德曾以一位五岁男童小汉斯（little Hans）来说明畏惧性精神官能症的形成：五岁的小汉斯正处于心性发展过程中的"俄狄浦斯期"，他一方面依恋他的母亲，而对身为"情敌"的父亲怀有敌意；但另一方面他又怕父亲的报复——将他"阉割"。这些本能冲动都是他正在发展中的自我无法接受的，所以被潜抑到潜意识里去，但仍蠢蠢欲动。有一天，汉斯和母亲搭马车出去，马车翻覆，汉斯变得非常惊惶，他怕那匹马会"咬"他，而产生了所谓的"惧马症"。

弗洛伊德认为，这是汉斯把和父亲关系中的焦虑"转移"到较无害且可以"回避"的马身上所致。"怕被马咬"即是"怕被父亲阉割的转移"。

本案例中这位二十八岁女性的惧船症，似乎也可做如是观：船乃是性冲突的转移。第一次在船上发生的实验性性行为，激起的可能是她对性早已有之的矛盾情感——"既期待又怕受伤害"，在担心被母亲"识破"的情况下，她压制了进一步的性渴求，但对性的强烈兴趣又时时想突围而出，于是她将这种精神上的痛苦——焦虑，转移到"船"上面，船激起她莫名的恐惧，并借着回避船来回避她心中的性冲突。

徐静医师在其所著《精神医学》一书里，也曾提到一个生动的畏惧性精神官能症病例：

一位少妇近来突然在看到黏黏软软的牡蛎、蛋清或鼻涕时，就会害怕得浑身发抖，最后连菜市场也不敢去，深居简出，怕看到令她害怕的东西。

在接受分析治疗后发现，这位少妇结婚已两三年，育有一子，她先生在两三个月前入伍服役。她因为店务的关系，与一位英俊男子过从甚密，那名男子经常挑逗她，她怕自己会做出不守妇道的事而深感不安。

有一天，她上厕所时，看到一条蛆在厕所里蠕动，她突然害怕起来，担心那条蛆可能会爬进她的下体。以后，只要看到类似蠕动或黏黏的东西，她就会恐惧异常。

在进一步追问下，她承认自己曾经幻想与该男子发生关系，但一想到他黏黏的精液进入体内，自己就会受孕，若被丈夫知道就一切都完了，因此心生恐惧。后来看到蛆时，立刻联想到精虫的蠕动，而害怕起来，以后更扩大到对所有类似的东西——如牡蛎、蛋清、鼻涕等也都产生恐惧。当然，因为这种恐惧，她中断了与该男子做进一步接触的可能，也防止了"真正"让她恐惧的事情发生。

档案 17

令人惧怖的教堂钟声

　　传统的精神分析学家认为，畏惧乃是对性与攻击等本能冲动的潜抑，但从这个例子可以看出，与本能无关的心理创伤事件，也可能在心理防卫下产生对某种物体、情境或活动的畏惧。

他们解剖我母亲。我一直祈祷和哭泣，希望母亲仍活着；而教堂的钟声却一直响着，我痛恨它们。

高塔，特别是教堂的尖塔，多年来一直是 G 女士心中的最怕，她一看到它们就觉得浑身不自在，急忙掉头而去。

最后她不得不去寻求医疗帮助。在仔细询问之下，医师发现，她怕的其实不是塔，而是钟声，怕教堂高高的楼上突然响起钟声，一听到钟声，她就会浑身发毛。医师问她是什么时候开始怕听到钟声的？G 说她也想不起来，只知道是很久很久以前，大概在十几岁时就有这种现象。这的确是相当久了，因为 G 女士已经四十岁了。

当用尽各种方法都找不到可能的线索后，医师决定将她催眠，打开她潜意识的心扉，到尘封在脑海深处的记忆乱丛里去搜寻。

在催眠状态中，医师一边给 G 暗示，一边递给她一支笔，要她做心事的"自动书写"（automatic writing）。在迷离恍惚状态中，G 果然运笔如飞，写出如下的句子：

"G 镇……M 镇……教堂，我父亲带母亲到 B 镇，母亲在那里死了，然后我们到 C 镇……他们解剖我母亲。我一直祈祷和哭泣，希望母亲仍活着；而教堂的钟声却一直响着，我痛恨它们。"

当她写下最后一句话时，虽然自己并不知道写的是什么，但却变得焦虑而惊惶。这些"自动书写"的内容，透露出 G 的畏惧钟声和她母亲的死亡有关。

在解除催眠一段时间后，医师拿出她所写的那张纸条给她看，G 倒是心平气和地说出那是怎么一回事：

原来在多年前，当全家人到英国旅行时，她母亲忽然得了重症，就在当地紧急开刀，但不幸死了。在母亲死前，她一直祈祷母亲的康复。他们所住的旅馆旁边刚好有一座教堂，教堂的塔楼上不时传来悠扬的钟声，她常在钟声中祈祷。

但也许是钟声出现的频率太高了（每隔十五分钟就响一次），使她绷紧的神经渐渐受不了。她最后竟开始痛恨听到钟声，特别是在祈祷的时候，那钟声更增加她的痛苦。

在做了这种表白后不久，G 又向医师透露了一个更重要的讯息。她以忏悔的口气说，有一次她"省略"了到教堂祈祷的义务，事后即一直有"如果母亲死了，就是我省略祈祷的关系""这将是我的错"的想法。后来，她母亲果真死了，她更认为这是"上帝对我的惩罚""我必须为母亲的死负责"。

G 说，一直到成年后，她仍然认为"母亲的死是我的错"，并因此而深深自责着。但这种将过错全往自己身上揽的想法似乎太过牵强而夸大。在医师技巧的追问下，G 终于又做了一次更深刻的表白：

原来在她母亲过世前两年，她因不听母亲的劝告而着凉了，后来病情恶化，被诊断为初期肺结核，在医师的建议下，父母遂带她到欧洲去寻求更进一步的医疗。而在他们抵达英国后不久，就发生了母亲死亡的不幸事件。

至此终于真相大白，G 在心里觉得母亲若不到英国，就不会得急病而死，而母亲之所以会到英国去，完全是因为自己的关系。如果当初自己听从母亲的劝告而多穿衣服，就不会发生尔后的不幸事件。

她的畏惧教堂钟声，可以说就是这种深沉的内疚所引起的。

这也是一个畏惧性精神官能症的病例。G女士对教堂钟声的畏惧肇始于十五岁时的一次心理创伤经验，历时二十五年仍然挥之不去，可见那次创伤对她而言是多么执拗与惨痛。

传统的精神分析学家认为，畏惧乃是对性与攻击等本能冲动的潜抑，但从这个例子可以看出，与本能无关的心理创伤事件，也可能在心理防卫下产生对某种物体、情境或活动的畏惧。G女士难以面对的是"母亲的死都是我的错"此一内疚，在英国那几天的经验令她一思及就感到焦虑、悲痛，在意识层面，她成功地压制了创伤经验的"全程"（目前她已很少再想起那些往事），而且成功地将"全部"（整个事件）转移到"局部"（教堂钟声）上头，并加以回避。但在她对教堂高塔及钟声的莫名恐惧中，仍隐藏了她潜意识里的悲痛记忆与内疚，只是这种悲痛与内疚被"隔离"开来而已。

怕猫的女人

　　这种传统的制约模式说明了小艾伯特恐惧白老鼠的根源：铁棒刺耳的尖锐声是天生吓人的刺激，白老鼠虽不会令人产生天生的畏惧感（它是一种中性的刺激），但当它和铁棒的刺耳尖锐声配对重复出现时，它本身即能造成当事者的焦虑和惊惶，并在畏惧中对它产生回避行为。

当她四岁时，父亲在她面前将一只猫活活溺死在水桶里，这种景象让她感到非常害怕，此后即和猫有了难解之缘。

一个已婚的三十七岁妇女，个性外向，善于社交，有很多朋友，但也很照顾家庭，以家庭为荣。她唯一的毛病就是怕猫。

她对两个小孩所养的各种小动物，譬如天竺鼠、乌龟、小鸟等，都很喜欢，但就是不喜欢猫，不仅不喜欢，而且是怕得要命，一看到猫或想到猫，就会感到紧张、焦虑，惊惶得不知所措。

虽然明知猫没有什么好怕的，但总是担心突然出现的猫会不经意跳到她身上，抓她、咬她。自己也明知道不太可能发生这种事，但就是挥不去这个念头，一想起来就忍不住会全身发毛。因为怕遇到猫，所以她走路时总是靠着人行道近马路的那一侧，以免人行道内侧的住宅或围墙上突然窜出猫来，晚上更是不敢单独一个人外出。如果知道某人家里养猫，她就避免踏入那个人的家里。

不只怕猫，她也怕像猫一样的皮毛制品，在大众交通工具上，旁边的乘客若穿毛皮大衣，她就会觉得浑身不自在，而避得远远的。最后，连书本上的猫图片，或电视上出现猫的镜头，也让她全身起鸡皮疙瘩。

最近几个月来，她对猫的恐惧感似乎有增无减，生活里充满了猫的阴影，任何突然出现的影子或声响，都被她解释成是猫在作怪，晚上也经常做有关猫的噩梦，而早上醒来的第一个念头是：我今天会遇到几只猫？

她丈夫很关心她的这种惧猫症，但也无能为力。因为症状持续恶化，已严重干扰到她的日常生活，所以她在丈夫的陪同下，到医院接受心理治疗。

在心理治疗师的讯问下，她说自有记忆以来，就一直怕猫。最早可以回溯到她四岁时，父亲在她面前将一只猫活活溺死在水桶里，这种景象让她感到非常害怕。接下来的记忆是，她伸开两腿坐在一张桌子上，一只猫就在地板上来回踱步；然后是自己站在屋子的大门外哭泣尖叫，好像是看到一只猫。

十四岁时，她父母也许是为了给她取暖，将一张毛皮铺在她的床上，当她发现时，即害怕得发出歇斯底里似的尖叫。十八岁时，又有一只猫突然跑进她的卧室，她也是吓得浑身发抖，连忙躲开。

结婚后，她变得更加怕猫，主动回避各种可能遇见猫的情境。在差不多十年间，她就借着这种策略生活，但最近因情况日渐恶化，而不得不寻求医疗帮助。

解说

这也是一个"畏惧性精神官能症"的病例，在症状的发展上，和前面那位惧船症的单身女郎颇为类似。

与精神分析互别苗头的行为主义认为，畏惧性精神官能症是来自患者过去的"制约与回避学习"。相应于弗洛伊德的"小汉斯"，两位心理学家华森（J.B.Watson）及雷纳（R. Rayner）也在 1920 年发表了一个"小艾伯特"（little Albert）的个案：

小艾伯特是一个只有十一个月大的男婴，原本健康而快乐。实验者依序让他看老鼠、兔子、狗等毛制玩具，艾伯特对这些东西是既不害怕，也没有关心的反应。唯一让他紧张的刺激是在他身后猛击铁棒所发出的刺耳的尖锐声。在了解这个基本现象后，实验者将一只白老鼠放在艾伯特眼前，同时在他身后猛击铁棒，结果原先对白老鼠没有反应的艾伯特，即开始对它产生畏惧、退缩的反应。在这两种刺激配对出现几次后，即使不再敲击铁棒，艾伯特也会对置于眼前的白老鼠感到畏惧、退缩。有一次还大哭，迅速爬离老鼠，差一点从实验桌上掉下来。

这种传统的制约模式说明了小艾伯特恐惧白老鼠的根源：铁棒刺耳的尖锐声是天生吓人的刺激，白老鼠虽不会令人产生天生的畏惧感（它是一种中性的刺激），但当它和铁棒的刺耳尖锐声配对重复出现时，它本身即能造成当事者的焦虑和惊惶，并在畏惧中对它产生回避行为。

华森还发现，这种制约更可以大而化之，艾伯特最后对任何柔软、白色的毛制品——包括玩具兔子、羊毛、毛大衣、白头发、圣诞老人面具上的白胡子等，也都产生了畏惧反应。他将此称为"刺激的普遍化"，意指类似的刺激可以激发同样的反应。

本个案中的这位妇女，从怕猫进而到怕猫的照片、跟猫有关的毛皮等，可以说完全符合这种"刺激的普遍化"原则。唯一不同的是，在实验室里，"制约刺激物"（如小艾伯特实验里的白老鼠）与"非制约刺激物"（铁棒敲击声）两者需反复配对出现，才能建立患者对"制约刺激物"的畏惧感，但在现实生活里，这种配对关系通常只出现一次——如本个案中的这位女士当年看到父亲将猫活活溺死的景象，为什么由此而生的对猫的畏惧以后即会如影随形呢？这可能有两个原因：一是这种配对虽非"一再发生"，但却"一再被想起"，所以仍有可能建立联配关系；另一个原因就像我们在《都是壁纸惹的祸》那个案例中所说的，借以减轻焦虑的"回避行为"在现实生活中反复出现，这种回避策略遂强化了她的症状。

档案 19

难以穿越的康拉德广场

　　"惧旷症"本来专指对空旷场所的畏惧，但精神医学界目前已扩大其适用范围，而泛指当事者对足以让他产生无助与惶恐之任何情境的畏惧，除了空旷的场所外，其他如人群拥挤的商店、戏院、大众运输工具、电梯、高塔等，也都可能是让患者觉得"无处逃"而畏惧的情境。

　　天色已晚，而且还下着雨，太太焦急地出去寻找他，最后在英华利德桥边看到他全身湿透地在那里颤抖，他无法穿越那座桥。

　　K君是一个斯文的中年男子，他不管到哪里都需要太太做伴，甚至连上厕所也不例外，夫妻两人真的做到了"成双入对，形影不离"的地步。但与其说这表示他们"恩爱异常"，不如说是"痛苦异常"，要了解这种痛苦，必须从头说起：

　　据K君说，他在二十五岁时，有一次单独走过康科德广场，在空旷的广场上，他突然产生一种莫名的惊惶，呼吸持续加快，觉得自己好像就要窒息了，心脏也跟着猛烈跳动，而腿则软瘫无力。眼前的广场似乎无尽延伸着，让他既难以前进，又无法后退。在全身冷汗淋漓下，他费了九牛二虎之力，才好不容易"跋涉"到广场的另一头。

　　他不知道自己为什么突然会有那种反应，但从那一天起，他即对康科德广场敬而远之，下定决心以后绝不再自己一个人穿越它。

　　不久之后，他在单独走过英华利德桥时，竟又产生同样惊惶而难受的感觉。随后，在经过一条狭长而陡峭的街道时，也莫名其妙地心跳加快、全身冒汗、两腿发软。

　　因为自觉有异，他曾接受某位医师的治疗，但情况不仅未见改善，反而持续恶化。到最后，每当他要经过一个空旷的地方时，就会无法控制地产生严重的焦虑症状，以至于他不敢再单独接近任何广场。

　　有一次，一个女孩子到他家拜访，基于礼貌与道义，他必须护送那位女孩回家。途中原本一切正常，但在抵达女孩子的家门后，他自己一个人却回不了家。

天色已晚，而且还下着雨，他太太在家里等了五个小时还不见他的踪影，于是焦急地出去寻找他。最后在英华利德桥边，看到他全身湿透地在那里哆嗦打战，因为他无法穿越那座桥。

在这次不愉快的经历后，他太太不准他单独出门，而这似乎正是他所期待的。但即使在太太的陪伴下，每当来到一个广场边时，他仍然会不由自主地呼吸加快、全身颤抖，嘴里喃喃自语："麻曼拉达、哔哔比塔科……我快要死了！"此时，他太太必须赶快抓紧他，他才能安静下来，而不致发生意外。

到最后，不管他走到哪里，他太太都必须跟在旁边，连上厕所也不例外。

这是一个典型的"惧旷症"（agoraphobia）病例，它也是畏惧性精神官能症之一。

"惧旷症"本来专指对空旷场所的畏惧，但精神医学界目前已扩大其适用范围，而泛指当事者对足以让他产生无助与惶恐之任何情境的畏惧，除了空旷的场所外，其他如人群拥挤的商店、戏院、大众运输工具、电梯、高塔等，也都可能是让患者觉得"无处逃"而畏惧的情境。过去所谓的"惧高症"（acrophobia）与"惧闭症"（clastrophobia）等，现在也都属于"惧旷症"。

"惧旷症"的一大特征是，患者的惊惶反应通常是在单独面对该情境时才会产生，如果有人做伴就能获得缓解，甚至变得正常，而且能让他免除这种畏惧的"伴侣"通常是特定的某一两个人。精神分析学家因此认为，"惧旷症"可能是来自潜意识的需求，患者极度依赖某人，对他有婴儿般的缠附需求，但在意识层面，他无法承认此一幼稚的渴望，所以就借"惧旷症"的惊惶反应，使对方有"义务"必须时时和他做伴。本案例中的这位 K 君，他的"惧旷症"从精神分析的观点来说，就是他在潜意识里对太太有婴儿般的缠附需求。

但这种以"功能"来解释"原因"的说法，无法获得普遍的赞同。行为主义学派则认为"惧旷症"可能跟当事者过去的经验有关，譬如有一位五十岁的心理学教授患有"惧高症"，他对自己毛病的来龙去脉做了如下的解释：他说他有一次目睹某人从四楼的窗口掉下跌死，此后他即得了惧高症，不敢爬高，也无法在旅馆高层的房间里睡觉。为了克服这种恐惧，他曾以攀爬某纪念碑来训练自己，但总是在爬到一半时，就紧张得无法再往上爬。十八年后，他到尼加拉瀑布时，只能走在桥中央，而且紧紧抓着徐徐而行的旅游车，才勉为其难地走过吊桥。他不仅担心吊桥会突然崩塌，也害怕自己可能失去控制而掉下桥去。

但事实上，很多"惧旷症"患者均难以从过去的经验中找到令他们畏惧的原因。专门研究遗传基因对人类社会行为产生影响的社会生物学家威尔森（E. O. Wilson）提出了一个出人意表的说法，他说畏惧症患者所畏惧的对象常是早期人类生活中所面对的危险，譬如惧旷、惧高、惧闭、惧暗、惧蛇、惧雷、惧蜘蛛等，如果说畏惧症是环境或文化制约的产物，那么现代社会中的危险，譬如核电、汽车、瓦斯爆炸等，应该是更常见的畏惧对象，但事实上不然，很少有走过核电厂或看到汽车就会出现呼吸急促、全身发抖、冒冷汗等自律神经反应的患者。现代社会中的人类，其畏惧反应仍然是相当"传统"的——惧旷症远多于惧电症、惧蛇症远多于惧汽车症。威尔森因此认为，其实是进化规划人脑，使它留意某些危险情况，但社会进化的脚步远快于生物进化，生物进化还"来不及"处理现代社会中的危险，因此，现代人脑中存有的畏惧对象，仍是几百万年前遗传基因所规划、誊录在脑纹里的那几种"古典"的危险。

　　如果我们认为精神官能症有体质——也就是脑神经的生理及生化因素，那么社会生物学家的这种说法——"惧旷症"来自古老的大脑硬体结构问题，恐怕也不是天方夜谭吧！

烹饪女教师的神秘触摸

　　"强迫性精神官能症"通常具有两个内涵：一是当事者会一再去想（或脑中一直浮现）他自己并不希望去想的"强迫性思想"，一是他会一再去做自己不想要做的"强迫性行为"，患者明知这些思想和行为并非自己所愿，但却无法控制或除去，而对此深感困扰。

　　她觉得自己如果触摸到别人，或别人拿了她触摸过的东西，对方可能就会因此而生病或遭遇不幸。

　　一个三十二岁的女性，任教于某中学，担任烹饪教师。最近不知为什么，心里一直萦绕着一个可怕的念头，觉得自己如果触摸到别人，或别人拿了她触摸过的东西，对方可能就会因此而生病或遭遇不幸。

　　这给她的教学带来很大的困扰，因为她必须教学生烹饪，她担心学生若吃了她做的食物可能会发生问题。在烹饪课上，如果有学生缺席，她就认为那是因为他们吃了上次她所做的东西而中毒的关系，心里老是为此而忐忑不安着。

　　最近，她的头皮底部长了一块红疹，她也觉得这是梅毒的表征，一再担心梅毒迟早会侵入她的脑中，使她变成一个可怜的白痴。

　　除了强迫性思想外，她也出现了一些强迫性行为，因为怕自己的手污染了东西，所以她一再地洗手，而且对明明已经做好的事，譬如关瓦斯或水龙头等，她也一再地又回头去检查，以确定是否真的将它们做好。

　　在接受治疗期间，治疗者发现她是一个高度敏感、很有良心、但也颇为自我中心的女性，以优秀的成绩毕业于某专科学校。大约三年前，她和一个学历比她低的男人结婚，婚后不久即对丈夫感到失望。她觉得丈夫谈吐粗俗、不懂餐桌礼仪、极度缺乏社交体面，这使她心生排斥，而逐渐以一种冷淡、甚至残酷的态度来对待丈夫。

　　在郁闷与不满中，她终于发生了感情出轨事件，但因为她是一个很有道德意识的人，此一严重违背其道德教养的外遇让她心里极度不安。

一段时间过后，她慢慢了解到丈夫其实是一个很好的人，而其他人也都给她丈夫很高的评价。更重要的，她到现在才发现自己其实很爱丈夫，于是她一改过去的冷淡，开始以柔情对待他。

她一方面对自己过去对丈夫的残酷和不忠产生强烈的自责，认为那是不可原谅的；一方面则将丈夫越捧越高，认为自己的丈夫是"打着灯笼也找不到的"，反而是自己"配不上他"。最后，竟然语带悲伤地对治疗者说："上帝知道他说的一句话值得我五十句话，如果我够真诚的话，我会劝我丈夫离开我。"

这是一个"强迫性精神官能症"（obsessive-compulsive neurosis）的个案。它通常具有两个内涵：一是当事者会一再去想（或脑中一直浮现）他自己并不希望去想的"强迫性思想"（obsessive thoughts），一是他会一再去做自己不想要做的"强迫性行为"（compulsive behavior），患者明知这些思想和行为并非自己所愿，但却无法控制或除去，而对此深感困扰。

强迫性思想常会导致强迫性行为，譬如一个青年一直担心自己会在淑女面前说出脏话，这是强迫性思想；而为了避免说出脏话，在淑女面前遂不得不用力紧闭着嘴唇，这就是强迫性行为了。在本档案里的烹饪女教师担心"学生若吃了她做的食物就会发生问题"是强迫性思想，而"一再地洗手"则是强迫性行为，行为乃是思想的后续动作。

这个烹饪女教师的病史生动地说明了导致"强迫性精神官能症"的一个心理动因：具有浓厚道德意识的她，对自己过去对丈夫的不忠和残酷充满了罪恶感，在潜意识里，她觉得自己是"肮脏的""有病的"，所以一再担心自己若"触摸"到别人，或别人拿了她"触摸"过的东西，就会受到"污染"而致病。另外，她认为自己头皮底部的红疹是梅毒的表征，也是此一罪恶感的外显（觉得自己因外遇而被对方传染了梅毒）。而一再地洗手，除了是为了避免"污染"的后续动作外，也含有想"洗清"自己污秽与罪恶的象征意思。

从精神分析的观点来看，患者可以说是在交互使用"隔离作用"（isolation）与"抵消作用"（undoing）这两种心理防卫机转。所谓"隔离作用"是指将一个经验的观念面与情感面隔离开来，把足以引起不安、痛苦的情感面压抑下去，而只留下观念的成分（譬如大学生在谈话间以英文的make love来代替"性交"两字）。女教师害怕因"触摸"而"污染"别人的强迫性思想正是剩下来的"残留观念"，至于那对丈夫残酷与不贞的情感面，则被赶出平时的意识层面之外。当隔离作用无法完全压制会带来焦虑的冲动时，她就又用"抵消作用"来对抗，以平息焦虑，一再洗手此一象征性的动作就是要"抵消"过去行为所带来的罪恶感。

强迫性精神官能症患者的强迫性思想和行为常具有原始的"魔法思想"（magic thinking）特色，所谓"魔法思想"，照人类学家弗雷泽（J.Frazer）的说法是"人们将自己（心中）理想的次序误认为即是自然界的次序，而幻想经由思想作用即能对外在事物做有效的控制。"本档案里的这位烹饪女教师觉得自己若"触摸"到别人，别人就会生病，这跟不少原始民族认为来经的妇女若触摸到他们，他们就会生病；或触摸到他们的猎具，他们就会打不到猎物一样，都是建立在心理联想上的"魔法思想"，而想借洗手来洗清自己罪恶的想法和做法，当然也是如出一辙；它们都属于一种较原始的心理功能。

档案 21

关于清洗的执念

　　一个人在遭受心理创伤或面临心理冲突时，如果他是以"精神官能症"来作为其心中郁积能量的出口，则他可能有很多"选择途径"，从"档案 01"开始的各种发病方式都是可能的途径之一，但他将做何种"选择"（其实，他是身不由己），譬如说变得"双手麻痹"或"不停地洗手"，却是我们无法预料的。

他一天要洗好几十次的手，把一双手都快洗"破"了，最后连桌子、衣服等也是一洗再洗，但觉得还没洗干净。

Q是一个三十出头的年轻男子，最近七个月来，一直为强迫性的洗手动作所困扰。

虽然一再地洗手，但老是觉得手还没洗干净；一再地想压制洗手的念头，但总是忍不住又去洗手，结果一天要洗好几十次的手，把一双手都快洗"破"了。最后不只洗手，连其他日常用品如桌子、衣服等，也是一洗再洗，但也都觉得还没洗干净。

这种怪癖不仅严重干扰了他的日常生活，而且还使他失去了工作，最后不得不寻求医疗帮助。

治疗者发现，Q君的智力在中等之上，十八岁时曾进过大学，但读了几个月后，却又在不明原因下突然辍学，而去当一名工人。在工作场合的表现虽然差强人意，但生活还算平稳。

一年多以前，他和另一名工人发生争执，对方在他嘴上重重地打了一拳。这一拳挑起了他早已存在于心中的某种恐惧——他一直认为嘴部若受到重殴会伤害到他的牙齿，最后牙齿会掉落，而使他不得不换装假牙。因为有这种忧虑，所以他对那个人产生了极为强烈的愤怒与攻击情绪，觉得此仇不报非君子。

第二天上工时，他随身携带了一把铁锤和一根锐利的钢条，想好好修理那名工人。但过了一段时间，他就对自己居然会有这种仇恨和暴力念头，深感羞耻与罪恶。虽然他后来并未将复仇计划真正付诸行动，但却觉得伤害他人的意图与行动同样恶劣，他在思想上已犯了那种罪。

随后几个月，Q 对自己的攻击念头虽然感到羞耻与恐惧，但心中的恨意却依然难消，对那个工人的敌意逐渐扩散到其他工人，最后竟至蔓延到自己的家人和亲友身上，变得看什么人都不顺眼。

就在被殴打后一年，他出现了洗手的强迫性行为，而且一发不可收拾。

这也是一个"强迫性精神官能症"的病例，跟前一个病例相比，虽然同有强迫性的洗手行为，但在"功能"上却不太一样。在前述案例，烹饪女教师的洗手主要是在"抵消"已经发生的罪恶，而本个案中 Q 君的洗手，则主要是在"防堵"尚未发生的罪恶。

Q 君在受殴打后，想攻击那名工人的念头，显然是违反了他的道德信念，而让他心生焦虑，"洗手"遂成为他用来降低焦虑及抑制攻击行为的工具。

强迫性行为除了抑制攻击冲动外，也经常被用来抑制性冲动。譬如有一位女士某晚开车回家，车上坐了一位她熟识的男士，这位男士在途中要求下车，到路旁的灌木丛中小便。这位女士对这一突如其来的举动虽不发一语，但在回到家后，她突然想起那位男士手上所沾的尿液可能弄脏了她车子的轮胎，于是她花了一个钟头用肥皂和水把车子彻底清洗一遍，然后又在浴缸里死命地擦洗自己的身体。从那以后，她就一直有擦洗身体的强迫性行为。

就这个个案来说，和一位男士在夜里同车驶过荒郊，也许使她产生某些绮念，特别是那位男士还下车"小便"，这更让人联想到"性"。此一绮念也许一瞬即逝，但却引起她性道德意识的注意，保守的性道德意识使她对这种绮念产生"肮脏"的感觉，因此"突然想起"那位男士"手上的尿液可能弄脏了她车子的轮胎"，于是开始擦洗车子，最后终于擦洗自己的身体。这跟本档案中 Q 君的洗手如出一辙，都是在防堵不被自己容许的欲望。

在正常的心理状况下，即使因小便而在手上沾了尿液，怎么可能会去弄脏轮胎、又进而去弄脏她的身体呢？我们只能从当事者隐秘的心理联想去推敲其中的含意，它也就是我们在前一档案所说的"魔法思想"。至于这几个患者都不约而同地想借洗手、洗身体此一象征性的动作来抵消或防堵实质的罪恶及欲望，当然也是不合逻辑的"魔法思想"。

在莎士比亚的《麦克白》一剧里，麦克白夫人在唆使麦克白谋杀邓肯国王之后，她患了梦游症，经常在晚上从睡梦中爬起来重复着洗手的动作。莎士比亚对麦克白夫人的此一强迫性行为有相当精彩的描述，他说麦克白夫人一边洗手，一边自言自语："但是这里有个斑点。去，可恶的斑点！去，我说！一、二，现在已经到下手的时候了。地狱是黑暗的！呸！丈夫！呸！一个军人，还害怕……这里还有血腥气……啊！啊！啊！"

在一旁偷窥的医师说："卑鄙的密语是泄露了非常的行为产生的非常的苦恼；犯罪的心会把秘密吐露给聋的枕，她需要牧师比需要医师还更多些。"

莎士比亚显然要告诉我们，麦克白夫人重复洗手的动作就是为了想"洗清"她双手所沾满的"血腥"。这跟精神分析对强迫性洗手动作的解释不谋而合。

从精神医学的观点来看，麦克白夫人的梦游属于"解离型歇斯底里精神官能症"，而重复性的洗手动作则是"强迫性精神官能症"，因此，我们可以说，麦克白夫人心中的罪恶感使她得了"双料"的精神官能症。

一个人在遭受心理创伤或面临心理冲突时，如果他是以"精神官能症"来作为其心中郁积能量的出口，则他可能有很多"选择途径"，从"档案01"开始的各种发病方式都是可能的途径之一，但他将做何种"选择"（其实，他是身不由己），譬如说变得"双手麻痹"或"不停地洗手"，却是我们无法预料的。

档案 22

被夸大的母爱

　　有一个母亲，则是每天在孩子出门上学后，心里就一直担心："他会不会在路上被车子轧死？"真爱的背后固然会隐藏着忧虑，担心孩子出意外本是父母的常情，但如果过度忧虑，像这样成为一种挥之不去的强迫性思想，可能就表示此一忧虑其实是她无法承认的"潜意识愿望"。

"我让孩子主宰我整个生活，但我不得不如此……除非为他们买玩具，否则我无法出门，我不会为其他任何事而出门。"

D女士，今年三十二岁，育有三个小孩。四年来，她对一个接一个出世的孩子表现出从不间断、无微不至的关爱和牵挂，以至于整个人都快要崩溃了。

她告诉医师说："我无时无刻不在想我的孩子们，我无条件地爱他们，即使他们犯了错，我也无法处罚他们。处罚他们会使我的心抽痛，再怎么说我也下不了手。

"我想我丈夫、甚至连我姐姐可能都已经告诉过你（医师）同样的事，我对他们太好了，我让孩子主宰我整个生活，但我不得不如此……

"除非是为他们买玩具，否则我无法出门，我不会为其他任何事而出门。我也从未将他们交给别人照顾，总是自己留在家里陪他们。自从我的第一个儿子出生后，我走到哪里就带他到哪里……我从没有片刻离开过我的孩子们。"

D女士对孩子这样的牺牲与付出，也许会让人想起母爱的伟大。但当医师询问她丈夫和姐姐时，两人虽然说D女士确实对孩子们相当关爱，不过却又都认为她的这种慈爱和牵挂有点夸大、不当，让人觉得怪怪的，好像有什么地方不对劲。

在接受心理治疗期间，为孩子做出极大牺牲与付出的D女士，最后终于哭泣地坦承：她曾有过可怕的幻想——想杀死自己两个较大的孩子，因为这种想法太可怕了，所以她一直用过度而夸大的关爱去抑制它。

这位母亲对孩子从不间断的牵挂，"无法片刻离开他们"，也是一种强迫性精神官能症的表现。她所使用的心理防卫机制称为"反向作用"（reaction formation）。所谓"反向作用"是指一个人潜在的欲望、冲动不被意识所容许，于是改而表现出相反的欲望和冲动，但他这种行为或态度在旁人看来却显得过分、失当、矫揉造作。本个案中的 D 女士，她对孩子"太好了"，好得"叫人受不了"，其实，她正是以"反向作用"来控制她对孩子们潜在的敌意。

父母对孩子的感情并非百分之百都是关爱，其中也有一些负面的杂质。这些负面的杂质如果太过强烈，必然会产生罪恶感，但并非每个父母都能像 D 女士那样以"反向作用"去控制它。譬如有一个年轻的母亲也有这方面的困扰，但感受却不太一样，她说：

"当发现我又怀孕时，我觉得很沮丧。因为自己的身体和心理都还乱糟糟的，实在是不想要这个孩子，我觉得我还没有准备好在这个时候接纳另一个孩子，但我又不能也不应伤害我的孩子，所以我只好调整自己来适应这种情况。

"结果孩子早产，我一下子又变得非常沮丧，因为我已失去了三个早产儿。他一出生就有了麻烦，我心里非常担心、害怕。他在医院里住了三个礼拜，当要带他回家时，我心里紧张得要命，不知道自己能否好好照顾他。结果在回家六个礼拜后，他又感染了严重的支气管炎，在这段生病期间，我胃口全失，晚上一直做噩梦，我觉得我是一个失职的母亲。"

在不断自责中，这位母亲一直害怕自己不知道什么时候会"失去控制"，而做出伤害孩子的事来。因为这个孩子是不被"期待"的，年轻母亲的焦虑、自责与害怕自己会失去控制，可以说是她心中"杀婴"的强迫性思想所造成的。

另有一个母亲，则是每天在孩子出门上学后，心里就一直担心："他会不会在路上被车子轧死？"真爱的背后固然会隐藏着忧虑，担心孩子出意外本是父母的常情，但如果过度忧虑，像这样成为一种挥之不去的强迫性思想，可能就表示此一忧虑其实是她无法承认的"潜意识愿望"。

做父亲的也会有这种情形。

譬如，有一位农夫忽然产生"用铁锤猛击三岁儿子头部"的想法，而且一出现就挥之不去，成为典型的强迫性思想。他说他"完全不知道"自己为什么会有这种可怕的念头，他自认为自己其实很喜欢这个孩子，在想不通的情况下，他甚至认为自己一定是"疯"了，"脑子进水了"。

但在接受心理治疗时，治疗师发现，原来这位农夫的妻子在生产时痛不欲生，所以产后就一直拒绝再和丈夫行房，以免再度怀孕。而且在有了孩子后，妻子也将她的关爱都转移到儿子身上，夫妻常因此而吵架、反目。

在晓得这些状况后，治疗师终于明白了，他"用铁锤猛击三岁儿子头部"的强迫性思想，乃是在发泄对儿子的潜意识敌意，但因为这不被他的道德意识所容许，所以经由"隔离作用"抹去此一想法中的情感色彩，而只剩下空洞的观念影像。

俗语说："养儿方知父母心。"但父母对子女的感情其实是颇为复杂的，说它"五味杂陈"也许太夸张了，但要说它是"百分之百的关爱"则更属矫揉造作。在这几个个案里，我们看到了一些负面的情绪，但它们要告诉我们的是，不管在何种情况下，若对子女产生负面的情绪，都将成为父母本身的一个"痛苦负担"。

会计师的生活仪式

　　仪式行为具有特殊的功能。几乎每个文化都有古老相传下来的各种仪式，如结婚、丧葬、祈雨、驱魔等都有固定的仪式，其功用是在祈求神灵的保护与赐福，大家认为只要按照固定的方式按部就班地去履行它，就能达到上述目的，但中间若有任何差池，则不仅得不到赐福，反而会大祸临头。

他过着规律的生活，对生活起居、每餐的菜色及休闲活动的安排，都像记账一样井井有条，而且一丝不苟……

F君是一位将近中年的会计师，他对自己生活起居的安排就像在记账一样，不仅井井有条，而且连细节也都是一丝不苟。

他每天一早在六点五十分准时起床，先淋浴、刮脸，然后穿衣服。他太太则在七点十分整将早餐端上桌，早餐的食谱是他早在几个月前就拟好的，他太太需每天按谱配餐。

早上七点四十五分，他准时出门上班。在忙了一天后，于傍晚五点五十五分返抵家门，洗完澡后，在客厅看晚报，六点三十分准时用晚餐。晚餐的内容，当然也是根据他事先拟好的食谱准备的。

晚上和周末的活动也都按既定计划进行。星期二晚上出门看电影，星期三晚上在家里阅读，星期五晚上则打桥牌（星期一和星期四晚上不排节目，属休息时间）。星期六早上打高尔夫球，晚上的时间则留给来访的客人或出门访友；星期天早上和晚上为宗教时间，都到教堂做礼拜。

在服饰方面，他也非常挑剔。每一件衬衫都必须干净而且没有皱痕，西装外套则每天都要烫一次。

要过这种井然有序的生活，当然需要太太的充分配合。他太太原是个随遇而安的人，但在F君的"调教"下，也不得不合作，因为对生活常规的任何微小乖离，都可能让F君火冒三丈、暴跳如雷。

在这种有条不紊的生活方式中，F君似乎过得颇为自得，也颇为成功。

后来他静极思动，参与了某个朋友的商业投资，但不幸投资失败，让他损失了不少钱。此一突来的打击，竟使 F 君产生严重的焦虑反应，不仅过去的生活规律都被打散打乱了，最后竟不得不住院接受治疗。

　　表面上看来，F 君的规律生活让人联想到"恒心""毅力"等美德，但因他的生活规律流于僵硬、缺乏弹性，而且在规律被打破时，他即不可理喻地火冒三丈、暴跳如雷，所以更有可能是一种"强迫性精神官能症"的表现。

　　有些强迫性行为常会变成一种"仪式"（rituals），每个细节都需按照一定的僵化步骤进行。F 君的规律生活似乎就具有这种性质，他把一个星期的起居作息活动都化为"仪式"，不能更改，几近强迫性地去履行它们。

　　仪式行为具有特殊的功能。几乎每个文化都有古老相传下来的各种仪式，如结婚、丧葬、祈雨、驱魔等都有固定的仪式，其功用是在祈求神灵的保护与赐福，大家认为只要按照固定的方式按部就班地去履行它，就能达到上述目的，但中间若有任何差池，则不仅得不到赐福，反而会大祸临头。强迫性精神官能症患者的仪式化行为也有这种用意，个人的仪式化行为主要是在防范来自外在环境或内心欲望的威胁，当事者认为只要将一切都纳入僵硬的秩序中，则世界就会变得更可预测、更安全，也更美好。

　　譬如某位男士有一种固定的"浴室仪式"：他在入浴时，一定要先脱内裤，坐在马桶上小便；然后脱上衣；然后先冲三次身体；然后用肥皂先抹阴部，冲洗，再抹，再冲；然后洗右手臂；然后洗左手臂；然后洗右腿、右脚；然后洗左腿、左脚；然后洗……从他入浴室到出来的将近半个钟头的时间内，每个动作孰先孰后，如何进行都依固定的程序去做，稍一改变就会感到不安。而且在生活遭受压力时，他就会更严格地执行这种浴室仪式。

其实，此一浴室仪式的产生只是为了阻止他在浴室内"自慰"的冲动而已。相对于这种内心欲望的威胁，F君面对的可能是外在环境的威胁，我们从他参与投资失败立刻导致精神崩溃这件事上多少可以猜出，他其实非常脆弱，表面上将自己的生活控制得很好，但事实上却不堪一击。因此，仪式化行为虽可减轻当事者内心的焦虑，但他所能获得的只是控制的"幻象"。

F君僵硬的生活作息，让人想起康德和叔本华这两位德国哲学家，他们都过着非常规律的生活，譬如康德每天下午四点整一定外出散步，而且行走的路线，甚至行进的速度都一成不变。据说哥尼斯堡的居民以康德走过自家门口的时刻来调整他们的时钟，因为康德就是一座"活动的标准钟"。

而叔本华在他生命的最后二十七年独居于法兰克福时，每天的生活情形几乎都一样：早上七时起床，沐浴后，喝一杯浓咖啡，然后坐到书桌前，写到中午为止。然后外出，到"英国饭店"用餐，饭后回家阅读到四点，又外出做例行散步，而且风雨无阻，每天总要散步两个小时，六点钟再到图书馆看"时报"。晚上则去观赏戏剧或听音乐会，十时就寝。除了接待访客，偶尔打破自己生活秩序的"例外"，他二十七年如一日，过的都是这种规律的生活。

但康德和叔本华并非"强迫性精神官能症"的患者，虽然他们常被视为"强迫性性格"的代表人物，但"强迫性性格"和"强迫性精神官能症"之间仍有相当大的差距。"强迫性性格"的一些特质，如固执、墨守成规、讲求秩序、追求完美，以无比的毅力献身工作，排除享乐和人际关系等，也常是"强迫性精神官能症"患者所具备的，但就像前面介绍的，他们只是以此来掩饰或围堵其生命的困境，而不像康德、叔本华或其他人，将这种人格特质运用在对知识的追求和事业的开拓上。

档案 24

来到医院的臆病者

　　所谓"虑病性精神官能症"是指一个人过分关心自己的身体，对自己的身体功能有一种先入为主的观念，怀疑某些器官有病，而为此担心恐惧，会主动去寻求医疗帮助。他们所述说的症状非常复杂多样，常牵涉到身体的许多部位，但有经验的医师却无法从这些症状中获得"可能是什么病"的印象诊断。

　　在他的记忆里，充满了依偎在母亲身旁，于药水味浓厚的医院里候诊的情景。这种情景让他感到安全、踏实，而且温馨。

　　J君是一个高三学生，近数月来常觉得头昏眼花、腰酸背痛、四肢无力、食欲不振、无精打采、注意力无法集中。高考在即，他却经常卧病在床。

　　焦急的母亲带他四处求医，但情况却未见好转，而且做了各种检查，也都找不到有什么异常之处。医师劝他去看精神科，J君却坚信自己只是身体方面的毛病，而他母亲则以为儿子得的是连医师都检查不出来的怪病，更加担心，也更加锲而不舍地带他四处求医。

　　最后，他们终于来到了精神科。在仔细询问之后才知道，J君对即将来临的高考极感焦虑与消沉，他自己可以说完全没有把握，但父母对他却期望甚殷。在苦闷之中，他自慰的次数增加了许多，但短暂的快乐却带给他"自我摧残"的阴影，担心自己得了"肾亏"，于是开始觉得腰酸背痛、头昏眼花，越想越担心，最后觉得一身是病，治病成了比读书更迫切也更重要的事。

　　J君是家中唯一的男孩子，父母均将他视为至宝。在周岁左右，他曾因不明的发烧而住院两个月，后来虽然痊愈了，但他母亲却认为这个孩子"身体虚弱"，也因而特别注意他的健康问题，不仅常给他吃补品和补药，但凡他身体稍为有些不适，更是忙不迭带他去看医师。

　　上学后，母亲天天为他准备既营养又卫生的便当，不准他在外面随便乱吃东西，因为怕他吃坏了肚子；也不准他和同学们去游泳、露营，因为怕发生意外。

也许是受到母亲观念的影响，J君也很注意自己身体的健康；他经常可以感觉到自己心脏的跳动、肠子的蠕动及关节处的酸痛等，每次大小便都不忘"审视"尿屎里有什么异状。在他的记忆里，似乎充满了依偎在母亲身边，于药水味浓厚的医院里候诊的情景，这种情景让他感到不仅安全、踏实，而且温馨。

医师认为J君确实是"病"了，但并非他想的身体的毛病，而是心理的毛病。

这可以说是一个"虑病性精神官能症"（hypochondriacal neurosis）的病例。

所谓"虑病性精神官能症"是指一个人过分关心自己的身体，对自己的身体功能有一种先入为主的观念，怀疑某些器官有病，而为此担心恐惧，会主动去寻求医疗帮助。他们所述说的症状非常复杂多样，常牵涉到身体的许多部位，但有经验的医师却无法从这些症状中获得"可能是什么病"的印象诊断。而且在详细的检查后，通常找不到有什么器质性的病因。虽经医师反复说明、劝解，但病人仍无法释怀，还是固执地认为自己有病。

患者除了对自己的症状感到忧虑、焦急与关心外，在行为方面还有一些特征：他的身边经常备有瓶瓶罐罐、药片胶囊及各种医药书刊；他常是大众保健杂志的忠实读者，在广泛的阅读中揣摩自己可能得了什么病，并一知半解地使用医学专有名词及术语；看病是他日常生活中的重要活动，有些是固定去看一位医师，但次数相当频繁；有些则不断换医师，从这家医院转到另一家医院，没完没了地做各种检查和治疗，而且会妥善保存这些数据。

不少患者的虑病倾向跟早年的生活经验有关，有些研究发现，患者早年罹患身体疾病（或所谓的"体弱多病"）的比率比一般人高得多，而他们的父母亲也多有虑病的倾向，对身体疾病过度关心，孩子一流鼻涕、肚子不舒服就紧张得不得了，不停地嘘寒问暖、进补、看医师。这种不当的模式使孩子养成特别注意自己身体变化并对这些变化赋予夸张意义的态度。本案例中的J君，有的似乎就是这种经验。

另外，"疾病的功能"也扮演了相当重要的角色。因为自己"生病"了，不仅可以免除职责（读书、工作），还可获得他人的关心（附带收获），结果使自己这种"有病在身"的观念益形强化，因此日后稍一碰到不顺遂，或别有所求时，就以虑病症状来免除职责或达到目的。

J君的坚信自己"有病"，固然多少与"肾亏"的错误观念有关，但主要恐怕还是在于他面对着高考这个难关。虑病症状不只是用来逃避高考，而且是在为自己可能考不上大学找借口——这都是因为自己"身体有病"造成的，如果"病"好了，他就能克服现在无法克服的困难。所以当务之急是先把病治好，结果就一再地去看医师、吃药、打针，你说他"没病"，他反而不高兴。"有病在身"的想法使他免于去面对自己书读不好、无法与别人在考场上竞争的挫败感。

熊熊烈焰中的悔恨

所谓"创伤后压力违常"是指一个人在经历超乎人类正常经验之外的心理创伤事件后，仍然在内心一再经验（重现）该创伤经验，对外在世界的反应变得迟钝，并出现自律神经及认知功能等方面的障碍。

她在夜里难以成眠，经常梦见昔日大火时，她从二楼跳下来及爬进客厅抱出婴儿的那一幕，而从梦中惊醒过来。

C是一个年轻的家庭主妇，最近想搬家而四处找房子，她坚持要住一楼，而且是只有一层楼的房子。这种坚持并非出于出入方便、想做生意或想接近土地等理由，而是因为她害怕爬楼梯。

除了坚持要住一楼外，她平常也尽量避免到二楼以上的商店、旅馆或公共场所去，对密闭的地方也深怀恐惧。而且有慢性的疲惫感、精力减退、性欲降低、无法集中注意力等症状。

这似乎是一种畏惧性精神官能症，不过她对自己为什么会有这种毛病，心里倒是一清二楚。它来自如下这件令她想忘也忘不了的创伤经验：

她以前是住在二层楼的房子里。大约半年前，在丈夫外出的某个深夜，她在睡梦中闻到呛鼻的浓烟味而从梦中惊醒，她急忙下楼，结果发现客厅已经着火了。

事起突然，她的第一个念头是要打火警电话，但电话线却被烧坏了，于是她连忙又跑出去敲邻居家的门，在邻居处打完火警电话后，才又匆匆回到家里，到楼上去摇醒两个学龄前的孩子。

但因时间延误，等她同两个孩子要下楼时，楼下已是一片火海，无路可逃。在情急之下，她只好打开楼上的窗户，将两个孩子抛下去，然后自己也跟着跳楼。两个孩子幸好都被闻讯赶来的邻居及时接住，没有受伤。但她自己的小腿骨却跌断了。

在疼痛中，她才又想起她的另一个孩子，刚出生不久（三个月大）的婴儿单独睡在楼下的餐厅里。一思及此就心如刀割，于是她不顾旁人的阻止，又从窗户爬进屋内，将婴儿抱出来，但因为耽搁太久，婴儿不幸在送抵医院之前即告死亡。

两个被救出的孩子只有轻微的灼伤，但她却有全身 40% 的严重灼伤，脸、颈、上肢、背部、臀部都被灼伤，呼吸系统也受了波及，而不得不做气管切开手术，帮助呼吸，她住院三个月，躺在病床上，内心一直无法挥去这场不幸的大火，并对自己先到邻居处打电话而没有及时救出她的三个小孩深感懊悔与罪恶。

出院后，她慢慢又负起了家庭主妇的职责，但在夜里却难以成眠，经常梦见昔日大火时，她从二楼跳下来及爬进餐厅抱出婴儿的那一幕，而从噩梦中惊醒过来。但在白天，则不时在内心反刍自己的"愚蠢"，自己为什么会"那么傻"——不先救孩子却去打电话？但大错已经铸成，再也无法挽回。

就在这种无限的悔恨、懊恼、悲痛与罪恶感之下，她坚持要搬到只有一层楼的房子住，而且避免到二楼以上的地方去。

在这个个案里，C 虽然有所畏惧，但不像前述的畏惧性精神官能症——不知道自己为什么会对某些物体或情境有非理性的畏惧，事实上，她清楚得很，是想忘都忘不了的。因此，这个个案应该属于"创伤后压力违常"（post-traumatic stress disorder）。

所谓"创伤后压力违常"是指一个人在经历超乎人类正常经验之外的心理创伤事件后，仍然在内心一再经验（重现）该创伤经验，对外在世界的反应变得迟钝，并出现自律神经及认知功能等方面的障碍。

　　"超出人类正常经验之外"的创伤事件，并不包括诸如事业失败、婚姻冲突、亲人死亡、离婚、慢性疾病等打击，而是指：一、自然灾祸，如洪水、地震等；二、人为的意外灾祸，如工业意外事件、火灾、大车祸、房屋倒塌等；三、有意的人为灾祸，如战争、轰炸、强暴、集中营、酷刑折磨等。有些创伤事件虽然也可能伴有肉体的伤害，如强暴、工业意外等，但所有的创伤事件都必然含有心理创伤的成分，这些心理创伤包括极度害怕、无助、失去控制及死亡的威胁等。它可能是个人单独的经验，也可能是集体的遭遇。

　　在创伤性事件发生时，患者几乎都会立刻产生自律神经兴奋的症状，诸如心跳加快、大量流汗、肌肉紧张、发抖、主观的焦虑及警觉性升高等，因为这些创伤事件通常都很剧烈，所以这种自律神经的兴奋可能会延续几天、几个礼拜甚至几个月。而每当患者回忆起那些创伤经验时，自律神经即再度受到刺激，如果他无法忘怀或分心，一再反刍的结果，急性症状可能就会恶化成慢性症状。

　　本个案讲的正是这种情况。火灾是一种常见的创伤性事件，在事起突然中，几乎每一个火海余生的幸存者，他们的惊惶、无助与失控等感觉，都要经过一段相当长的时间才能慢慢平息。而本案例中的这位女士，不仅遭遇了这种危难，而且在危难中还失去了她的幼儿，更要命的是，幼儿的去世完全是由她在火场中的"错误抉择"所造成的，其心灵所受的创伤确实是难以抚慰的。

　　C一再梦见昔日大火的情景，特别是"爬进餐厅抱出婴儿的一幕"，从精神分析的观点来看，这可以说是她尝试透过这些未经改装的噩梦，去重新架构恶劣的情境，好使昔日不能应付此种情境的失败能获得弥补的机会——她希望能"成功"地救出她的幼儿，而这只有到梦中去追寻了，但亢奋的意识提醒她，这一切都已是徒劳，因为她的孩子早已死了，所以她只能又从噩梦中惊醒。

档案 26

重温悲怅的噩梦

在热带丛林中，因"俄罗斯轮盘赌"而导致心灵崩溃的尼克，为什么会在西贡地下赌场里"重复"那令他惊吓的赌命游戏呢？这种"重复"跟Y君在意识解离状态中挥舞刀子喃喃自语、K君觉得自己又重返热带雨林而急于寻找藏身之所的举动非常类似，它们就像用橡皮擦一再擦拭写错的字一样，其目的都是为了想"抹去"心灵上的污点。

他像变成了另一个人，手里挥舞着刀子，在屋里荡来荡去，口中则喃喃自语，提到跟战争和俘虏有关的事情。

Y君是一个四十岁的中年人，曾参加过第二次世界大战，战后解甲归田，又恢复平常老百姓的生活。表面上看起来似乎很正常，但却每隔一两个礼拜就会突然陷入一种类似意识解离的状态中，他好像变成另一个人似的，手里挥舞着刀子，在屋里荡来荡去，口中则喃喃自语，提到跟战争和俘虏有关的事情。在这个时候，他不仅不认识自己的妻子，而且还把她当作法国人。

但没多久，他又仿佛大梦乍醒般恢复正常，而且根本不记得刚刚发生了什么事。

他太太为此非常担心，曾在他发作中及发作后，数度请医师来诊疗，医师除了开给他一些镇静剂外，也爱莫能助。因为发作的次数颇为频繁，最后只好去寻求精神科的帮忙。

在几次心理面谈但均不得要领的情况下，医师决定将他催眠。结果在催眠状态下，他说出了第二次世界大战期间，他在战场上的一段特殊遭遇：

有一次，他和自己的部队失散了，而跟一个不认识的军官在一起，两人各看守着四名德军俘虏。在营帐里休息时，那名军官忽然命令他去射杀那些没有武装的战俘。他因觉得这是不人道的事而拒绝了，于是两人发生争吵，在争吵中，他愤怒地将枪扔给那名军官，说："如果要射杀他们，那你自己去动手！"

事后，他越想越怕——怕那名军官以抗命的理由而枪毙他。在极度惊恐中，他仓皇地冲出营帐，逃回自己所属的单位里。

他在催眠中回忆这段往事时，情绪变得非常激动，而一再将自己的身体猛烈地往墙上撞，幸赖旁人制止才没有受伤。

利用催眠术让他重温昔日在战场上的心灵创伤后，他的病情似乎有了明显的改善，有一段时间不再有上述意识解离的情况发生。

但十年后，他却又因同样的症状而再度入院，而且病情似乎比十年前还严重。医师认为这可能是昔日的心灵创伤尚未完全化解的关系，所以再度将他催眠，让他重温往事。而在追忆的途中，他又像十年前一样，因痛苦、难过而以身体猛撞墙壁。但这次医师在制止他后，又要求他"继续讲"，而不准用行动表现出来。在几次的抗拒之后，他终于又说出了"后半段"的故事：

原来当年他在惊惶地冲出营帐后，跑了几百码①就又停了下来。他担心那些战俘的命运，所以又掉转头，而在营账外面用刺刀刺死了那名军官。

在催眠状态中说出这段经历时，他第一次表现出对那名军官的强烈愤怒，但后来又哭了起来，他说他很后悔他的行为，因为最后杀人的竟是他。

像上次一样，医师利用催眠术让他反复去重温过去的那段噩梦，并对它提出新的诠释，慢慢化解积压在他心中的惊惶、愤怒与后悔，最后，他终于跳出了那段噩梦般的经历，而不再出现意识解离的症状。

这可以说是一个"解离型歇斯底里精神官能症"的病例，但也属于"创

---

① 英美制长度单位，1码约为0.9米。

伤后压力违常"，因为导致其意识解离的是"超乎人类正常经验之外"的创伤性事件。

纯就意识解离状态来说，Y君所表现出的乃是"梦游"(somnambulism)。这里所说的"梦游"跟常见于小孩的"梦游"——在深睡状态中起床游荡的情形不太一样，它主要指当事人在清醒时突然陷入仿如睡梦中的状态，他好像置身于一个私人的世界中，与外在环境失去接触，但却喃喃自语，说一些旁人难以了解的话语，或重复一些看起来具有特殊含意的动作。这些话和动作可能是他幻觉式地再度经历某一创伤事件时的外显行为，这个创伤事件受到潜抑，在他平常清醒状态时通常无法被忆起，只能在梦游时浮现。而在梦游结束后，患者对梦游时所发生的一切又失去记忆。

本个案中的Y君，每隔一两个礼拜即陷入的情境就是这种梦游状态。他挥舞着刀子，在屋里荡来荡去，口中喃喃自语，提到战争和俘虏有关的事情，很可能就是幻觉式地再度经历当年在战场上那令他惊惶的一幕。这些经历在平时均被潜抑到潜意识里，只有在梦游或催眠状态中才能再度浮现。

冉涅曾报告过一个女性梦游的病例：

二十九岁的G女士，聪慧而敏感，某天忽然听到一个不幸的消息：住在隔壁的侄女在一种谵妄状态中从高处的窗户跳下去活活摔死。G女士连忙冲出去，刚好看到她侄女横躺在街道上的尸身。她虽然很受打击，但表面仍力持镇定，帮忙料理后事，参加葬礼时也没有什么异样。但从那件事以后，她即变得越来越阴郁，健康大不如前，并开始出现如下的症状：

几乎每天，在晚上甚至是大白天，她会进入一种奇怪的状态中，看起来好似在做梦般，温柔地和一个她称为宝琳但事实上不存在的人说话（宝琳是她死去侄女的名字），她向宝琳说她很欣赏她的命运，佩服她的勇气，她的死是一个美丽的死。然后她走到窗边，打开窗户，又将它关上；从这一扇窗走到另一扇窗，有时则爬到窗户上，如果不是她的朋友及时阻止的话，她一定会掉下去。在她被阻止后，她东看西看，摇晃着身体，揉揉眼睛，又恢复了正常，好像什么事也没有发生一般。

G女士在梦游状态中的话语和行动，跟Y先生一样，都是在重演过去的创伤事件。

但如前所述，Y君的症状也可以说是典型的"创伤后压力违常"。战争此一人为的灾祸确实造成很多人的心灵创伤，在《无法站立的西点军校生》那个个案的解说里，我们曾提到不少士兵出现手脚麻痹、心因性目盲等转化型歇斯底里精神官能症，但那主要是为了逃避在战场上"被杀"的危险；像Y君这样爆发出解离型歇斯底里精神官能症的，则主要是为了忘掉在战场上"杀人"的罪恶，并抚慰自己受创的心灵。

"越战"结束后，出现了一个新名词叫作"'越战'后症候群"（Post-Vietnam Syndrome），根据报告，从越南战场回到美国的军人，26%都有一些精神科方面的症状，譬如下面这个例子：

K君在应召入伍前往越南战场之前相当正常，正打算以半工半读的方式完成他的大学学位。在被派到越南后，起先对在战场上杀人感到不安和嫌恶，但慢慢地，他像大多数人一样容忍它，并将它合理化（为了正义而杀人）。

不过在战场上，仍有几次令他难以忘怀的惨痛经验。一次是他遭到一名越共游击队员的埋伏，机枪发生故障，他不得不以枪托一再猛击敌人的头部，活活将他捶死。一次是他和要好的战友睡在一起，战友不幸被击毙，朋友喷出的鲜血洒满他一身。

后来K从越南回到美国，在头一年，他竟无法适应，终日漫无目的地四处游荡，对什么都没有兴趣。但最后终于安定下来，找到一份稳定的职业，而且结婚了，并准备重回大学完成未竟的学业。三年后，他被解雇，赋闲在家时，突然从电视上看到西贡陷落的消息，好像失落了什么东西似的，于是他开始回想起自己在越南的种种经历，特别是被他击毙的那位越共游击队员死前痛苦的哀号，以及把鲜血溅满他一身的朋友的死，这些回忆越来越挥之不去，他一再反刍着越南战场上的悲惨景象，并对它们所代表的意义感到怀疑。

然后，他开始做噩梦，梦见自己又回到越南战场上，经历九死一生的场面。有一次竟在梦中从床上跳起来，寻找藏身之所，而导致大腿骨的轻微骨折。又有一次当他骑脚踏车穿过一片草木茂密的森林时，他突然觉得仿佛置身于越南的热带雨林中，在一阵恍惚与慌乱中，他紧急刹车，急忙寻找藏身之所，结果跌倒在地，造成多处擦伤。在日增的焦虑之下，他只好住院接受精神科的治疗。

Y君和K君的遭遇让笔者想起《猎鹿人》这部奥斯卡最佳影片。在这部以"越战"为题材的影片里，情同手足的迈克尔、尼克和史蒂夫同赴越南战场，在一次惨烈的战役中，三人同时被俘，囚在热带丛林的水牢中。越共以被俘美军当作"俄罗斯轮盘赌"的赌具——在左轮枪的枪膛里装入一发子弹，由两名被俘美军轮流以枪对准自己的太阳穴扣扳机，供越共下赌，看看隐藏在枪膛中的那一发子弹，到底会射穿谁的太阳穴。在这非人、恐怖的赌命游戏中，尼克和史蒂夫被惊吓得魂飞天外、号啕痛哭、屎尿直流、全身颤抖。后来幸赖迈克尔的机智、冷静，把握千钧一发的机会，歼灭数名敌人，始逃出热带丛林。但在那噩梦般的"俄罗斯轮盘赌"中，三人的心灵都受到了严重的创伤。

在逃亡过程中，史蒂夫的双腿因受伤而瘫痪。服役期满，迈克尔和史蒂夫先后回到了故乡，双腿瘫痪的史蒂夫住到医院里，避与妻子见面。迈克尔独自一人到山上猎鹿，但枪法已大不如前。而尼克却一直没有露面。后来史蒂夫从由战地寄来慰问金的匿名信，判断尼克仍留在西贡，于是迈克尔再赴西贡。当时正值美军从西贡撤退，满目疮痍。迈克尔在一家地下赌场找到了尼克，穿着当地服饰、头系红丝巾的尼克，正在表演"俄罗斯轮盘赌"供疯狂的赌客下注，他举枪的姿势优美而冷酷，嘴角有一丝嘲弄之意。但迈克尔迟来了一步，因为当他赶到时，尼克正好扣下了令他致命的扳机，那一发在左轮手枪中如轮盘转动的子弹，穿膛而出，射入了尼克的太阳穴。影片就在尼克倒地，兀自睁着不信的双眼时落幕。

在热带丛林中，因"俄罗斯轮盘赌"而导致心灵崩溃的尼克，为什么会在西贡地下赌场里"重复"那令他惊吓的赌命游戏呢？这种"重复"跟 Y 君在意识解离状态中挥舞刀子喃喃自语、K 君觉得自己又重返热带雨林而急于寻找藏身之所的举动非常类似，它们就像用橡皮擦一再擦拭写错的字一样，其目的都是为了想"抹去"心灵上的污点。

剧院听差与女演员的内衣

　　所谓"恋物症"是指一个人的"性趣"集中在无生命的物品或身体的某一部位（阴部除外）上，这些物品或部位通常属于异性所有。绝大多数的恋物症患者都是男性，他们迷恋之物包括女性的内衣、内裤、丝袜、胸罩、鞋子、手套、丝巾、香水等，他们借抚玩、闻嗅、吻吮这些东西，以激起自己的性兴奋，达到性满足，在这样做时，常伴有自慰行为。

他利用刚学得的开锁技术潜入女演员的公寓，偷了两件内衣裤、丝袜和一件睡衣，回到自己的房中，将它们摊开来放在床上……

S君是一个知名男演员的儿子，长得像女孩子一样清秀，而且非常羞涩。但有一天，却闹了一件大丑闻，而使他父亲颜面无光。

S君的父亲风流成性，很早就跟S君的母亲离婚，随后他接连又结了几次婚，但几个"继母"对S君都少有温馨关怀之情。从小，S君就经常被单独留在家里，他渴望温情，但却少有人理他，加上他生性害羞，说话又结结巴巴的，更交不到什么朋友。

在寂寞无聊中，S君常常拿出自己母亲留下来的衣服，摊在床上，抚摸搂抱，想象母亲就在他身边。在进入青春期后，他开始以自慰来排遣寂寞无聊的日子，而且想办法去弄到女性的内裤、睡衣、丝袜等，一边赏玩，一边自慰。

十五岁左右，他在一家剧院找到了一份听差的工作（他父亲是这家剧院的台柱演员），并在这里结识了一位年老的舞台魔术师，魔术师教他以万能钥匙开锁的秘诀。

剧院里有很多迷人的女演员进进出出，她们让情窦初开而又性欲旺盛的S君意乱情迷，但大家只把他当作一个少不更事的小孩，没有人理他。在饱受刺激而又不得发泄的情况下，他终于兴起了潜入这些女演员住所偷取内衣的冲动。

有一天，他无意中获知某位女演员当晚不在她所住的单身公寓，于是他利用刚学得的开锁技术潜入这位女演员的公寓，偷了两件内裤、丝袜和一件睡衣，回到自己的房中，将它们摊开来放在床上，然后忘情地以之自慰。但在发泄过后，羞愧与惊恐的念头即浮上心头，于是他又将那些内裤、丝袜、睡衣等统统丢入炉中焚化。

几天后，机会再度来临。

S君的心里天人交战着，但在短暂的彷徨后，他终于又重施故技，手脚颤抖、全身冒冷汗地潜进另一位女演员的住处，偷取内衣裤，然后回到自己房中，在兴奋、羞愧与害怕的复杂情绪中，以自慰达到性高潮。

S君越陷越深，终至不能自拔。但他犯了一个致命的错误，因为他所光顾的都是同一剧院里住在同一栋大厦里的单身女演员，不久就引起怀疑，而终于在某天晚上被跟踪他的警察逮获。警察从他的运动衫里取出刚得手的女性内衣裤，人赃俱获，结果S君被送上青少年法庭。

青少年法庭给他一个奇怪的判决：如果他入伍从军的话，就不送他入狱。S君选择了入伍一途，但在入伍后几个礼拜，他却因不幸罹患急症而过世。

本案例是一个"恋物症"（fetishism）的病例。"恋物症"是常见于社会新闻中的一种性变态，通常是一名猥琐男子潜入人家的庭院、阳台或内室，偷取晒衣架或衣柜里的女性内衣裤，当场被逮个正着，扭送警办，而成为社会新闻的。这些"不雅之贼"偷这些东西，当然不是为了拿去"变卖"，而是想"留为己用"，满足自己独特的"性趣"。

所谓"恋物症"是指一个人的"性趣"集中在无生命的物品或身体的某一部位（阴部除外）上，这些物品或部位通常属于异性所有。绝大多数的恋物症患者都是男性，他们迷恋之物包括女性的内衣、内裤、丝袜、胸罩、鞋子、手套、丝巾、香水等，他们借抚玩、闻嗅、吻吮这些东西，以激起自己的性兴奋，达到性满足，在这样做时，常伴有自慰行为。另有些恋物症者则将"性趣"集中在女性生殖器以外的部位，如头发、耳朵、手、脚、乳房、膝盖、臀部等，他们抚玩这些部位并非真正性行为的"前戏"，而是以此来作为性满足的主要方式。

关于恋物症的成因，精神分析学派认为，患者所迷恋之物乃是女性的"性象征"或"替代物"，譬如女鞋是阴道的象征，而三角裤则是女阴的替代物等。患者之所以会将"性趣"从活生生的女人身上转移到这些无生命的东西身上，通常是对自己的男性气概和性能力感到怀疑所致，他们害怕受到异性的拒绝及侮辱，或在现实生活里，真的受到了这种拒绝和侮辱，而以对无生命物品的掌握——象征他所渴望的异性，来免除自己的焦虑，并弥补自己的自卑感。这个个案中的 S 君，似乎就有这种心态。

恋物症患者所迷恋之物，譬如女性的内衣裤等，其实在市面上均有公开展售，但通常必须是女性穿戴过的（留有气味者更佳），才能让恋物症者感到兴奋。而且"买不如偷"，在偷窃过程中的紧张亦是他们性兴奋的主要来源之一，并且对于少数恋物症患者来说，"偷"本身反而比"物品"来得重要。

就历史来看，被迷恋之"物"似乎有"时尚"的问题，譬如我国宋明两代，迷恋三寸金莲绣鞋成癖的男性所在多有；而在 19 世纪末 20 世纪初，"紧腰褡恋物癖"在西方也颇为流行，因为那是当时西方妇女的衣着时尚。但近三四十年来，不管东西方，迷恋三角裤及乳罩则成为恋物症的"主流"。

不过就个人来说，每一个恋物症患者通常有他固定的迷恋之物，譬如迷恋胸罩的就固定迷恋胸罩，不会忽然"换口味"变成迷恋女长靴。但对自己迷恋之物，他们会不厌其烦地收集保存，有些还会记下它的来源及获得的日期。

一般正常人在自慰时，偶尔也会以其渴望之性对象的照片或相关物品来增加性刺激，但这通常不会被视为病态。有时恋物症和自慰的助兴行为难以划出一条明显的界限，一般而言，所用之"物"是以偷或抢的方式获得，而且以此物来自慰是他获得性满足的基本方式而非替代方式时，才会被视为恋物症者。

档案 28

那纤纤玉足的异样魅惑

　　原来这位患者小时候由一位女佣照顾，女佣在帮他洗澡时都会玩弄他的性器，使他产生无比的兴奋。而女佣在这样做时，都是系着围兜的。因此，围兜与性兴奋产生了配对关系，终于使他成为一个迷恋围兜的恋物症者。

　　她撩起裙子，伸出一只脚，空悬在壁炉的火上烤。这个举动让血气方刚的他极为激动，忍不住伸手抱住对方的脚。

　　Z君觉得女人身上最让他着迷的地方是她们的小腿和脚，特别是如果女人能用脚踩在他身上，他觉得这是他人生中最幸福、甜美的时刻。

　　这种嗜好来自他少年时代的一次偶然经验：

　　他十四岁时，经常去拜访一位年长的朋友。这位友人有一个双十年华、长得如花似玉的女儿。Z君在这位朋友家中，喜欢宾至如归地躺在壁炉前面的地毯上取暖。

　　有一晚，当他像往常一样躺在地毯上时，朋友的女儿想到壁炉架上拿点东西。她开玩笑地从他身上跨过去，说要让他看看"稻草会有什么感觉"，一边说着一边撩起裙子，伸出一只脚，空悬在壁炉的火上烤。这个举动让血气方刚的Z君极为激动，他忍不住伸手抱住对方的脚，将它按在自己的性器上。

　　朋友的女儿不知是有意还是无意，竟将全身重量都放在那只脚上，重重地踩住他的下体，结果他兴奋得射出精来。

　　此后，他们就经常玩这种"游戏"：Z君躺在地毯上，朋友的女儿则将脚踩在他身上，先是在他胸前的肋骨架及胃部来回移动撩拨，Z君在逐渐高涨的兴奋中，忍不住去抓住她的脚，于是她将脚下移，踩在他的下体上。

　　Z君并没有说朋友的女儿在这种游戏中是否达到性高潮，但她显然也产生了某种性兴奋，因为他说当时她"眼睛发亮、双颊泛红、朱唇颤抖"。

女人的小腿和脚让 Z 君痴迷，而且希望女人用那可爱的脚踩在他身上，这种奇特的性癖好显然是来自他和朋友女儿的这种特殊游戏。

这可以说是一个"恋物症"（恋足）的病例，但同时也含有我们稍后要提到的"受虐症"色彩，因为让异性用脚踩在自己身上以达到性满足，亦含有被羞辱、被虐的意味。

恋物症的成因除了前文提到的性自卑与性挫折感外，"错误的学习"也是一个重要因素。患者之所以会对特定之物产生迷恋，通常可以从他们过去的经验中找到线索，也就是行为主义者所说的"制约"关系。

受迷恋之物与性满足，这两者第一次的"配对"出现也许是相当偶然的，但由此而产生的情感激动、性的兴奋与满足却让当事者无法忘怀，而在往后成为当事者刻意追求的目标，结果因一再地以自然或人为的方式"反复配对"，而使受迷恋之物与性满足间的关系更加牢不可破。

早期的精神分析学家史提克（W.Stekel）曾报告过一个个案：某位男士对女人的裸裎相见难以动心，只有在对方系上围兜后，他才会"性致勃勃"，与之好合而达到性高潮。这也算是一种恋物癖，他迷恋的其实就是"围兜"。

经过仔细分析后才发现，原来这位患者小时候由一位女佣照顾，女佣在帮他洗澡时都会玩弄他的性器，使他产生无比的兴奋。而女佣在这样做时，都是系着围兜的。因此，围兜与性兴奋产生了配对关系，终于使他成为一个迷恋围兜的恋物症者。

特殊的性癖好确实常与当事者过去的经验有关。20 世纪初的性学大师霭理士（H.Ellis）有一种特殊的性癖好：看女人小便便会引起性兴奋。身为性学大师，他为自己这种异于常人的偏好寻求答案，他说那是因为他十二岁时，有一次和母亲到伦敦动物园，母亲"站着不动，我随即听到一阵喳喳落地的小便声"——霭理士的母亲可能泌尿系统有问题，竟忍不住就地小便起来。当发现自己的失态引起儿子的注意时，她不好意思地告诉他不应该看。但类似的情况后来又一再发生，遇到这种情况，年轻的霭理士即"自动充当守护者，注意有没有人接近"。霭理士认为，就是这种早年的经验造成他日后"看女人小便便引起性兴奋"的癖好。

心理学家拉赫曼（S.J.Rachman）甚至以一个有趣的实验"制造"出五个恋物症者。他让五名志愿者观赏幻灯片，先出现的是女用长筒靴的幻灯片，紧接着出现的则是能引起性兴奋的裸女幻灯片，如此反复配对进行；最后，五位受测者在拉赫曼单独放出女用长筒靴的幻灯片时，也会产生性兴奋——以阴茎体积的改变来测定；而且这种性兴奋还会普遍化到其他类型的女鞋。

这跟前述案例中，华森让小艾伯特对皮毛制品产生畏惧反应的实验非常类似，不同的是拉赫曼是在让受测者对女鞋产生兴奋反应后，又以实验"解除"他们对女鞋的迷恋，方法是在放映女用长筒靴的幻灯片后，立刻再放映足以让他们产生嫌恶感的其他幻灯片。结果有几个人对拉赫曼"狠心"摧毁女鞋对他们的"异样魅惑"提出抗议。

本个案中的这位 Z 君，他对女人小腿和脚的迷恋，可以说就是这种制约关系的产物。

但有些恋物症者的恋物与性兴奋之间的"配对"关系很难找到合理的解释，譬如有一个个案，他的整个"性趣"几乎都集中在汽车的排气管上，而且并非所有的排气管都"管用"，必须是形状完美，没有凹陷、破损，能顺畅排气的排气管才能引起他的"性趣"。为什么会有这种癖好，不仅无法从他过去的生活里找到线索，而且其间的"关联性"也让人匪夷所思。

档案 29
窗口丑陋的挑逗

　　患者的暴露常是一种强迫性行为，在每次发作前半小时或一小时，心中即会有一股逐渐滋长的欲念，它累积为内在的压迫感，使他不安而激动，"不露不快"，直到付诸行动才能获得解脱。有些光凭暴露即能获得快感，有些则需继之以自慰。

　　P君以为他数月来的挑逗终于获得了响应，于是也打开自己这边的窗户，更恣意地做出种种不堪入目的动作。

　　P君是任教于某中学的男老师，尚未结婚，他住处的窗口刚好对着一位三十岁女性家的窗口。

　　隔窗有女，P君想和这位女士打交道，但用的却是一种奇怪的方式：几个月来，他经常对着窗口露出他的下体，有时还伴随着自慰的动作，显然是想引起对窗那位女士的注目。

　　那位女士当然注意到了，但却极感嫌恶与愤怒。在不堪其扰的情况下，她向警方报案。为获得证据，警方经女士同意进驻她的住处，想拍下P君猥亵动作的活动影片，以便逮捕他。

　　果不其然，P君又当窗露出下体。为了获得较清晰的影像，警方请受害女士打开窗户。在窗户打开后，P君以为他数月来的挑逗终于获得了响应，于是也打开自己这边的窗户，在窗口更恣意地做出种种不堪入目的动作。

　　结果这些镜头都被清晰摄入，P君终于在无可狡辩的情况下被捕。

　　在被捕后，P君在他的自白里说，他来自一个保守的家庭，母亲的支配欲很强，而他又极度依赖母亲，对性一直有着压抑的、清教徒般的态度。他很少和女孩子单独在一起，觉得接近女孩子就会让他感到极度害羞和不安全。和母亲的心链使他一直无法与异性进行健康的交往，即使是幻想和异性缠绵，也觉得是对母亲不忠，让他深感不安。

　　当他发现对面窗口内住的是一位令他心仪的女性时，他内心兴起了一股欲念，想借暴露自己来引起对方的反应，即使是让她吓得花容失色也好。

　　这是一个"暴露症"（exhibitionism）的病例。所谓"暴露症"是指一个人在不适当的情况下，对陌生异性有意地暴露其生殖器，在暴露的同时，有些还会摆出性暗示的姿态和自慰。

　　所谓"不适当的情况"，意指在公园、地下通道、戏院、百货公司、公交车或公寓阳台、窗口等公开或半公开的场合。所谓"有意"是指当事者自知其意图，虽然不少暴露症患者在被抓到后，常会辩称是"忘了拉上裤子的拉链，自己露出来的"或"因为尿急想小便"，但这显然是狡辩。本个案中的警方想"摄影存证"，正是基于这种考虑。

　　患者的暴露常是一种强迫性行为，在每次发作前半小时或一小时，心中即会有一股逐渐滋长的欲念，它累积为内在的压迫感，使他不安而激动，"不露不快"，直到付诸行动才能获得解脱。有些光凭暴露即能获得快感，有些则需继之以自慰。像偷窃女性内衣裤的恋物症患者，他们在"事成"之后，常会感到内疚，但没过多久，那内在的压迫感又会驱使他们重施故技。

　　一个有趣的现象是，患者只在陌生的女人面前暴露自己，在自己太太或熟识女性面前倒是相当拘谨（约有半数的暴露症患者已婚），反而不惯于裸裎相见，也不喜欢和太大讨论性问题。而他们对天体营①这类的活动也没有兴趣和好感，他们的暴露有着迥异于天体营成员的心理动因。

　　暴露症最可能的成因是个人心理的不成熟。当事者通常较内向而害羞，有一个过度保护他的母亲，个人在进入青春期后，对自己的"男性气概"感

――――――
①指在一定区域里，人不分男女老少都一丝不挂，无论游戏、娱乐、运动、休憩。

到怀疑、恐惧，因为害羞、自卑与缺乏自信，而不敢与异性做实际的接触，但又极欲证明自己的能力，结果就以暴露下体让对方吓得花容失色来"证明自己的能力"（就像小时候不穿裤子，让大人吃惊一样）。本个案中的 P 君，似乎就属于此一类型。

患者的兴奋主要来自对方的惊吓反应，绝大多数受害女士在"触目惊心"之余，常会近乎本能地走避逃离，这正好满足了患者的心理需求。有一位患者在冬天的晚上对迎面而来的女士露出下体，但这位女士非但没有逃离，反而关心地问："我的天，你这样不会冻僵吗？"说得患者灰头土脸，自讨没趣地跑开。另有一位患者，在暴露下体的同时，还会讯问对方"看过这么大的阴茎吗？"借以获得性满足，但有一次，当他重施故技时，受害的女士一点也不惊慌，反而鄙夷地说："看过！"结果这位仁兄就如斗败的公鸡般，黯然离去。

虽然大多数患者在暴露之后，很少再对对方施以进一步的攻击行动（譬如强暴），但为了安全计，受害女性最好不要去激惹对方，否则若挑起他们的攻击欲，对自己也没有什么好处。

有时候，一个人在面对生活压力，特别是与权威人物有了相处困难或婚姻冲突时，偶尔也会以"暴露"来发泄其内在的紧张，它跟重返青春期的自慰行为一样，均属"退行作用"。譬如有一个海军士兵，他投身军旅原想一展抱负，但因和上级处不来而心神不宁，就在这种内在压力下，他生平第一次在海滩对一位路过的少女暴露下体，让对方吓得花容失色，这显然就是内在压迫感的变态发泄。

暴露症和恋物症一样，是较常见于社会新闻中的性变态，而且患者几乎清一色是男性，虽然和强暴、恋童症、虐待症等相比，它们是属于较"温和"的性变态，但为了自己的快乐而无视于他人的意愿和困窘，即使是有再多的"心结"，也是不可原谅的。

在神殿里被去势的男子

照弗洛伊德的说法，一个男孩子在心性发展过程中，会有所谓"去势焦虑"的阶段，即男孩子在自我的性探索中，发现抚玩生殖器会带来性快感，但也担心会受到惩罚，特别是当他因手淫而被大人发现时，大人常恐吓说："你再这样，我就把你的鸡鸡割掉！"

神殿里的歌声和鼓声越来越激昂，于是大祭司拿起亮闪闪的刀，一刀割下那最完美的生殖器……

H君是一名三十七岁的已婚男子，他有一个不为人所知的奇怪毛病：必须透过某些性幻想才能产生性兴奋，起先是青少年时代自慰时的助兴，但婚后，在和太太行房时，也需借这些性幻想之助，才能获得满足。

他的性幻想含有浓厚的变态色彩，而且似乎是一种古老仪式的回响。下面是他的两个幻想实例。

幻想一：他置身在某个原始而野蛮的民族中，该民族崇奉一尊像腓尼基人摩洛克神（Moloch）般的神祇，族人每隔一段时间就要献上一批身强力壮的青年作为祭品。他看到青年们赤裸着身体并排在祭坛上，在神秘而庄严的歌声及鼓声中，大祭司和他的随从缓步走向祭坛。

祭司锐利的双眼浏览祭坛上的"供品"，然后用手托起每位青年的生殖器，仔细地品鉴它们的重量和形状，不够完美的就被淘汰。品鉴完毕后，大祭司定出奉献的先后顺序。神殿里的歌声和鼓声越来越激昂，于是大祭司拿起亮闪闪的刀，一刀割下那最完美的生殖器……

幻想二：一名英国官员被阿兹特克人（Aztec，中美洲古文明的缔造者）的某个部落逮捕。阿兹特克人有定期将囚犯阉割献给太阳神的习俗，在执行之前，祭司带领这名英国囚犯参观一间密室。密室里放满了他之前所割下来的囚犯的生殖器，每根生殖器都用酒精浸泡在一个透明的玻璃瓶里，保存得相当完整。英国官员浏览这些奇异的供品，心想这就是他无可逃避的命运……

H君对古代历史有精湛的研究，特别是对墨西哥和秘鲁的古代史更了如指掌，他也经常造访这些国家，去凭吊那里的古文明遗迹。他的性幻想虽以古老的牺牲仪式为蓝本，但却也违背了历史，因为在阿兹特克人的牺牲仪式里，并没有"去势"这个项目，将"去势"幻想嵌入古老的仪式中，显然是为了满足自己独特的性品味。

在这些幻想里，H君认同的并非执刑的祭司，而是即将被去势的青年或囚犯，在虚幻的想象里，他经验到真实的感觉——"甜蜜的焦虑"。

据H君自陈，他的这种去势幻想跟早年的经验有关：当他还是一个小男孩时，他哥哥做了割包皮的手术，哥哥曾向他展示那尚未愈合的伤口。H君当时极为惊讶，在童稚的想象里，他觉得耽溺于手淫的自己可能也必须接受同样的"惩罚"。结果在日后的手淫里，即开始伴随这种被去势的幻想，而且随着年龄的增长及阅读的广泛，他的幻想也越来越繁复及仪式化，但主题都是"去势"。在不同的人生阶段，他有不同的幻想内涵，他将此称为"周期"（cycles），譬如"摩洛克周期""阿兹特克周期""亚马孙女王周期"等。

在本文所提到的第二个幻想里，重点是放在保存于密室中的一根根生殖器上。在原来的想象里，这些被割下来的生殖器原是放在有着精美花纹的匣子里，但理智告诉他，如此一来生殖器势必会腐烂、萎缩，所以他"修饰"他的幻想，将它们改放在用酒精浸泡的玻璃瓶内。而这个修饰过的幻想，又和他童年经验有某种潜意识的关联：那个割过包皮，并展示伤口给他看的哥哥，后来又接受阑尾手术，H君曾见过他被割下来的阑尾就泡在一个酒精瓶里。他将哥哥割包皮与割阑尾所带给他的冲击结合在一起，而成为"阿兹特克周期"中去势幻想的内涵。

解说

据调查，很多人在自慰或性交时都伴随有性幻想，但多数人幻想的都是和渴慕而又难以一亲芳泽的异性做爱，而 H 君有的却是一种相当病态的性幻想。他的幻想内涵让人想起精神分析学说里的"去势焦虑"（castration anxiety）。

照弗洛伊德的说法，一个男孩子在心性发展过程中，会有所谓"去势焦虑"的阶段，即男孩子在自我的性探索中，发现抚玩生殖器会带来性快感，但也担心会受到惩罚，特别是当他因手淫而被大人发现时，大人常恐吓说："你再这样，我就把你的鸡鸡割掉！"或者当他发现女孩子没有同他一样的阴茎时，他以为那是因为她"被阉割"的关系，而阉割者就是令人又爱又怕的父亲。

多数人在心性发展过程中，都会自行化解或潜抑这种焦虑，但 H 君不仅"固着"其上，甚至加以"开发"，从而使之成为他独特的性满足方式。这跟他童年时代目睹哥哥包皮伤口的经验可能有一定程度的关系（有人认为，某些民族的"割礼"即是经过改良的、温和的"阉割仪式"）。此一经验强化了他的"去势焦虑"，但他又无法戒除手淫的习惯，结果，"焦虑"和"快感"就产生了联配关系———一种"激情"和另一种"激情"相互激荡，成了双料的魅惑。

去势幻想虽具有被虐的色彩，但跟我们下面要谈到的受虐症还是有一段差距。真正的受虐症需要肉体真正的痛苦才能诱发激情，但在 H 君的想象里，他不仅没有真正的痛苦，而且连想象的痛苦也没有，因为在"大祭司拿起刀，一刀割下"的关头，他就兴奋得射精，他要的是在"等待"被去势前的悬搁性焦虑。

我们从下面这位女士的性幻想里，同样可以发现这种关系：一个未婚的

女性经常一边自慰，一边幻想自己去敲一家屠宰店的大门，当屠夫开门时，
她说："我希望被屠宰。"屠夫善解人意地请她到屋里。于是她走到屋子的
后方脱下衣服，赤裸地躺到一块砧板上。但屠夫正忙着切割一些牛肉，在不
安的等待中，屠夫的一个助手走过来，像检验待宰的牛般触拍她的身体。最
后，屠夫走过来，像对待死牛般翻转她的肉体，拿起屠刀，准备动手。但就
在要切下去之前，屠夫先用一根手指刺入她的下体，而不停自慰的她，就在
这千钧一发之际达到高潮。

为什么这位女士会有这种性幻想呢？原来她小时候就住在一家屠宰店的
隔壁，而屠夫就是她叔叔。从小，她就经常和哥哥到隔壁看叔叔杀猪宰牛，
觉得很刺激。后来，她和哥哥在自己家里玩"屠宰游戏"，由她躺在床上扮
演待宰的猪牛（仍穿着衣服），而她哥哥则扮演屠夫，骈指作刀，在她身上
一块一块地切。当哥哥的手碰到她身体的敏感部位时，她产生了快感。此一
游戏就是她日后"被屠宰幻想"的来源。

虽然童年经验在"受虐幻想"中扮演了相当分量的角色，但 H 君和这
位女士会选择这种充满"悬搁性焦虑"的事件来"酝酿"他们的性兴奋，多
少也表示以"心跳加快、呼吸急促"为表征的焦虑，跟同样会产生"心跳加
快、呼吸急促"的性兴奋有着暧昧的邻居关系。在前述恋物症及暴露症的档
案里，患者在偷取女性内衣或等待暴露的过程中，也同样有这种 "悬搁性的
焦虑"，或者说"悬搁性的兴奋"。

当然，含有受虐色彩的性幻想可能也有"渴望被惩罚"的成分，我们在
档案 32 里会再做进一步的说明。

怂恿妻子红杏出墙的大学教师

　　"受虐症"的严格定义原专指只有肉体接受折磨、痛苦才能产生性

兴奋的性变态，但在较宽广的定义里，则包括从他人的口头凌辱、自取其

辱、受虐幻想、被强暴幻想中获取快乐的情形，前者我们可以称之为"肉

体受虐症"，而后者则是"精神受虐症"。

M君自行设计了一条鞭子，上面嵌有铁钉，皮鞭过处，臀肉上留下点点血痕，但他不仅不觉痛苦，反而因此发出快乐的呻吟。

M君是一个温文儒雅的知识分子，在某大学里担任历史讲师。他有一个怪癖：在床第间，希望太太用鞭子狠狠地抽打他的臀部。

婚后不久，他即对名门淑媛的妻子提出这种请求。妻子虽然吃惊地拒绝了，但除了自怨所嫁非人外，也无可奈何。在不自己动手的情况下，她同意让女仆鞭打丈夫，而自己则在一旁观看。M君自行设计了一条鞭子，上面嵌有铁钉，皮鞭过处，臀肉上留下点点血痕，M君不仅不觉痛苦，反而因此发出快乐的呻吟。

后来女仆辞职，妻子拗不过M君的苦苦哀求，只好自己充当鞭笞手，夜夜鞭夫。但日久生顽，M君对此似乎还不满足，竟得寸进尺，渴望更大的羞辱，开始竭力怂恿妻子对自己不忠，鼓励她红杏出墙。妻子当然是无法苟同，结果M君竟在报纸上刊登广告，声称"有一位年轻貌美的女士急欲征求精强力壮之男子为友"云云。妻子在忍无可忍的情况下，终于和他仳离。

M君的这种怪癖显然和他的天生气质及早年经验有关：他从小就对种种残酷的事物倾心入迷，常常凝视着描绘迫害的图画想入非非。十岁那年，一次意外的遭遇更像火上加油一般，将他推向不归路。

原来他家有个亲戚贵为伯爵夫人，这位伯爵夫人交游广阔，风流美丽。有一天，M君和姐妹们在伯爵夫人家玩捉迷藏游戏，他跑到伯爵夫人的卧室内，躲到衣架后面。就在这个时候，伯爵夫人带着她的情夫走进卧室，两人就在沙发上颠鸾倒凤起来。M君不敢出声，兴奋地屏息静观。没多久，伯爵带着两位朋友突然闯进来，事起突然，但伯爵夫人不仅没有羞愧之意，反而是跳起来，一拳打在丈夫脸上。伯爵踉跄退了几步，但夫人怒气未消，随手抓起一条鞭子，将三个败她"性致"的男人轰了出去，而她的情夫也在乱军之中逃之天天。躲在衣架背后的M君既恐惧又紧张，不小心碰倒了衣架，正在气头上的伯爵夫人立刻将他揪出来，推翻在地，用鞭子没命地狂抽毒打。此时，M君固然是疼痛难当，却也体验到一种奇特的快感。就在这个时候，伯爵去而复返，竟跪在地上祈求妻子的原谅。M君利用此机会逃出房间，但没跑几步又恋恋不舍地回转，想窥探卧室内进一步的发展。可是房门已经关上，但在门外，他仍清晰地听到夫人嘶嘶的鞭声和伯爵的呻吟声，他也因此而兴奋得战栗不已。

M君在婚后哀求妻子鞭打他，似乎就是想重演童年时代那曾令他难忘的经验。

本案例中的M君，真实姓名为利奥波德·萨克·莫索克（Leopold V.Sacher-Masoch），"受虐症"的英文名称 Masochism 就是以他的姓为字源，而莫索克的行径当然就是典型的"受虐症"了。但"受虐症"之所以会以他的姓为名，不只因为他有受虐的癖好，更因为他还写了不少受虐小说，其中最有名的一部叫作《穿裘皮大衣的维纳斯》。

"受虐症"的严格定义原专指只有肉体接受折磨、痛苦才能产生性兴奋的性变态，但在较宽广的定义里，则包括从他人的口头凌辱、自取其辱、受虐幻想、被强暴幻想中获取快乐的情形，前者我们可以称之为

"肉体受虐症"，而后者则是"精神受虐症"。一般而言，有"肉体受虐症"者通常有"精神受虐症"，但有"精神受虐症"者并不一定有"肉体受虐症"。

从莫索克这个个案可以看出，他的受虐症似乎有先天气质的成分——从小就对残酷的事物倾心入迷，但后天经验显然扮演了更重要的角色，在伯爵夫人家的那段特殊遭遇，使"被鞭打"与"性快乐"间产生了"制约性联配"。从不少受虐症患者的过去生活史中，我们确实可以发现这种联配关系，譬如法国思想家卢梭（J.Rousseau）即自陈在他八岁时，因调皮而被家庭女教师兰贝希尔小姐"打屁股"，"我发现在鞭打所带来的痛苦乃至羞辱中，伴随着肉欲的快感，我不但不害怕，反而渴望同一双手能再对我施予挞伐"。此后，他即经常追求被女人鞭打的快乐，而在找不到女人鞭打他时，则在暗夜的街上，背对着过路的淑女，露出他颤抖的臀部。最后，他撰写《忏悔录》，将自己种种见不得人的事"暴露"于世，并怀疑周遭的人鄙视他、阴谋要害他，由"肉体受虐症"转向"精神受虐症"。

但鞭打臀部会产生肉欲的快感，可能也有生理上的因素。从脑神经解剖学的观点来看，职司"痛苦"与"快乐"两种不同情感体验的神经核，在大脑皮层的边缘系统（limbic system）中靠得很近，"痛苦中枢"的放电可能会波及"快乐中枢"，使它跟着兴奋。而且，就鞭打的部位来说，臀部和性器、前列腺、贮精囊等也靠得很近，"一种收缩"也有可能引起"另一种收缩"。

19世纪的欧洲，特别是英国，"男性受虐症"曾成为一种"流行病"，不仅有甚多受虐症的小说及杂志，而且有不少专门提供受虐服务的妓院。专家认为，这可能跟当时盛行以教鞭来体罚学生的教育方式有关，年轻貌美的女教师和初晓人事的青少年，透过"打屁股"而建立了一种奇妙的关系。在专门提供"鞭笞服务"的妓院里，执鞭的妓女就叫"女教师"，那些顾客在被鞭打中，显然是想重温昔日的激情。

档案 32

镜子里的惩罚与叛逆

　　对性怀有深沉的罪恶感是造成受虐症的深层心理动因之一，如果性被认为是肮脏的、不被容许的行为，那么具有这种观念的人不仅会压抑他们的性行为，而且会在可能被惩罚的阴影中从事性行为，为了减轻性的罪恶感及压抑，他们甚至会渴望"被惩罚"——既然"已经"被惩罚，那就不必再那么压抑，而可以更纵容自己去追求那畅快的满足。

几乎每天晚上，他都重复这种仪式化行为，在一番顾盼自雄、孤芳自赏后，他就会开始兴奋起来……

青年 K 君有一种奇怪的仪式化行为：入夜后，他经常躲在自己的房间里，下身反穿着裤子（也就是将背面穿到前面来），上身则穿一件窄得不得了的夹克，像谐星卓别林般。不仅如此，他还用一条皮带紧紧束住腰部，以一个皮制高领牢牢套住脖子，让自己几乎动弹不得。在做了这种打扮后，他举步艰难地走到镜子前，对着镜子艰难地转身，并做一些动作——似乎是在欣赏镜中的自己，或者更正确地说，是在接受"别人"对他的赞美。

几乎每天晚上，他都重复这种仪式化行为，在一番顾盼自雄、孤芳自赏后，他就会开始兴奋起来，然后倒在床上忘情地自慰。虽然这种碍手碍脚的装扮使他的手很难接触到性器，但他却甘之如饴，非此不快。

原来 K 君的父亲很早就过世了，母亲独力将他抚养成人。但 K 君却从小就表现出叛逆性格，一再违抗母亲的教诲与命令，让母亲颇为失望。到了青春期时，情况似乎越来越严重，在无计可施的情况下，他母亲威胁说如果他再如此不受教，就要将他送到军事学校去。不久，他就产生了上述的仪式化行为。

K 君将自己束缚在既窄又紧的服饰里，似乎就是对军校学生的一种想象的模仿，因为母亲及其他人一再告诉他，军校的训练非常严格，制服干净、笔挺但也束缚重重。K 君心想，不听命令的学生可能要穿更紧的制服，甚至在晚上睡觉时都不能脱下来。如果他去念军校的话，显然就要接受这种惩罚，他每天晚上在自己房间内的仪式化行为可以说就是这种被处罚情景的"预演"。但他却在镜前孤芳自赏起来，因为他觉得这样似乎更能表现出他的男子气概，最后，在仿佛听到别人的喝彩声中，他忍不住倒在床上兴奋地自慰。

这也是一个受虐症的个案。乍看之下，它似乎和前面个案中的受虐症极不相类，但本质上，K君的性兴奋还是来自肉体的折磨——因过紧的服饰所产生的束缚与不舒服感。母亲威胁要将他送往军校，意味着一种惩罚，对这种惩罚，他不仅不逃避，反而是迫不及待地加以"预演"，并主动安排更严厉的惩罚——穿得更紧、时间也更长。这种渴望被惩罚，而且因被惩罚而产生性兴奋的情形，正是受虐症的表现。

并非所有的受虐症患者，都可以从他们过去的经验中找到"痛苦"与"快乐"间的制约性联配关系。从精神分析的观点来看，对性怀有深沉的罪恶感是造成受虐症的深层心理动因之一，如果性被认为是肮脏的、不被容许的行为，那么具有这种观念的人不仅会压抑他们的性行为，而且会在可能被惩罚的阴影中从事性行为，为了减轻性的罪恶感及压抑，他们甚至会渴望"被惩罚"——既然"已经"被惩罚，那就不必再那么压抑，而可以更纵容自己去追求那畅快的满足。有些受虐症患者之所以会对种种肉体、精神的折磨与羞辱甘之如饴，似乎就是来自这样的心理机制。

我们在前述案例里提到的有"被去势幻想"的H君及有"被屠宰幻想"的女士，似乎也含有这样的心理动因。它不仅存在于幻想的层面，更会表现在具体的行动中。譬如有一位中年男子，一再寻找妓女为他做如下的服务：他自己像狗一样趴在地上，而要妓女骑在他身上，边拧他的肉、打他的屁股，边说：“你这个坏小孩，你这个脏小孩，竟想和我做爱，你真无聊！真下流！”而他则在“是的，夫人，以后我再也不敢了！”的连声哀鸣中，兴奋地勃起。他的受虐行为显然也属于这种模式。

对生性害羞、内向而拘谨的受虐症患者，这种解释也许言之成理，但本个案中的 K 君却原本是一个喜欢捣蛋、反抗权威、道德意识并不怎么浓厚的人，他过去即不时自慰，母亲也曾告诫过他自慰是不良行为，但他却当耳边风。这样的人会在肉体的层层束缚和折磨中产生性兴奋，似乎并非为了减轻他的罪恶感，而是来自另一种心理机制，他的心里似乎在呐喊：“即使你（母亲）把我送到军校去，即使受到种种的束缚和惩罚，我还是照样要自慰！”他的性兴奋乃是来自对道德的叛逆。

但不管是要减轻罪恶感还是对道德的叛逆，受虐都成了通往快乐之门的曲径。

档案 33

互虐夫妻的床上前戏

　　"受虐症"意指在肉体或（及）精神上接受折磨、痛苦、羞辱才能产生性兴奋的性变态，"虐待症"则刚好相反，意指对他人施以肉体或（及）精神上的折磨、痛苦、羞辱才能产生性兴奋的性变态。虽然受虐症和虐待症都能单独存在，但仍不乏两者并存于同一人身上的情形，只是当事者较"偏好"何者而已，此时就称为"虐待—受虐症"。

太太后来开始担心起来，因为彼此虐待的时间越来越长，虐待的方法也越来越激烈，说不定有一天会真的死在床上。

有一对结婚多年的夫妇，在床上有着异乎寻常的激情演出：

结婚伊始，丈夫即发现自己经常举而不坚或半途而废，唯一能让他产生激情，以维持勃起及稍后性交中高潮的方法是在"前戏"中折磨他太太。他试过各种折磨太太的方法，譬如勒她的脖子、拧她的乳头、打她的屁股、将她五花大绑等，但慢慢地，拉扯太太的头发成了他的最爱，他经常将太太的头发连根扯断。结果太太的头发越掉越厉害，而不得不经常去美容。

对丈夫的这种折磨，妻子不仅不以为忤，而且还相当欢迎。像"周瑜打黄盖，一个愿打一个愿挨"般，她也从丈夫的折磨中产生性兴奋。在折磨与被折磨中，两人的情绪越来越高昂，然后才水到渠成地如正常夫妇般性交。

但在性交完后（丈夫射精），整个情势即奇妙地逆转，在"前戏"中扮演虐待者的丈夫，于性交后却渴望成为受虐者，要求太太在"后戏"中换她"杀"他，而太太竟也恭敬不如从命，由受虐者摇身成为虐待者，以其人之道还治其人之身，开始百般折磨、凌辱她的丈夫，而这种行为也让她兴奋无比，事实上，她最大的满足是来自性交完后对丈夫的折磨和凌辱。

在几年中，两个人就这样相互折磨着，但后来太太开始担心起来，因为彼此虐待的时间越拖越长，虐待的方法也越来越激烈，说不定有一天会真的死在床上。

最后他们寻求治疗，因为考虑到潜在的危险性，医师要丈夫住院，借以打破夫妻在床上折磨游戏的恶性循环。在住院期间，医师发现这位丈夫有"射精失常"的现象，只有靠在"前戏"中虐待太太，才能有正常的射精现象。

解说

"受虐症"一词的字源来自奥地利的小说家，而"虐待症"（sadism）一词则来自法国的小说家萨德（Marguis de Sade），因为他在他的著作里，曾细腻描绘了六百种不同的痛苦，并以残酷的痛苦加在他人身上以获得性满足。

如前所述，"受虐症"意指在肉体或（及）精神上接受折磨、痛苦、羞辱才能产生性兴奋的性变态，"虐待症"则刚好相反，意指对他人施以肉体或（及）精神上的折磨、痛苦、羞辱才能产生性兴奋的性变态。虽然受虐症和虐待症都能单独存在，但仍不乏两者并存于同一人身上的情形，只是当事者较"偏好"何者而已，此时就称为"虐待—受虐症"（sadomasochism）。本档案中的这对夫妻，即同时都具有"虐待—受虐待"倾向。

为什么看似南辕北辙的性变态行为会同时存在于某些人身上呢？从生理学的角度来看，这种人的情欲通常不容易被唤起（aroused），或者说要产生性兴奋的门槛较高，寻常的视觉刺激及爱抚等都无法让他们兴奋，需要借助能激起较强烈情绪反应的其他刺激来"热身"，而"痛苦"就成了最大的"性觉醒剂"——不管是让自己还是别人痛苦。因此，虐待与受虐待的目的若单纯是为了唤醒性欲，则它们是可以互换的。

从心理学的角度来看，虐待与受虐待同样以"痛苦"为主轴，只是一个主动、一个被动而已。虐待与生物本能性的"攻击欲"有关，而受虐待则是此一攻击欲的"反转"。譬如有一位男士，他最大的性满足是穿着黑色的长裤，弯下腰来，让人从后面打他的屁股。他说这种性癖好乃是来自小时候的一次特殊经验：他和父母到某个温泉疗养胜地度假，自己不意闯进浴室，看到脱得赤条条的母亲背对着他，双腿涂着黑泥，正弯腰想从地上捡起什么东西。他说他当时兴起了一股想要打母亲光溜溜臀部的冲动（他曾见过父亲拍打母亲的臀部），后来当然是不敢下手，但这一幕景象却对他小小的心灵造成很大的冲击。他日后的性癖好，可以说是对母亲角色的模仿（穿着黑色长裤的自己就像昔日双腿涂着黑泥的母亲），渴望人家打他屁股原是渴望打母亲屁股的"反转"。

从这个例子可以看出，在某些情况下，虐待与受虐待乃是一体的两面，受虐待是自己更深的虐待冲动的"示范演出"，当事者的心里好像在说："我希望你做的，就是我自己想做的。"

在痛苦的"施"与"受"之间，认为"施"比"受"有"福"的，成了虐待症；认为"受"比"施"有"福"的，成了受虐症；而认为"施"与"受"同样有"福"，两者都要的，就成了虐待—受虐症。

辣手摧花的虐待狂

　　他的变态罪行乃是他"本性"的一部分，也许他有遗传自父亲的残暴本性，再加上后天环境和学习经验，特别是从替狗手淫、折磨狗以及和绵羊性交而刺杀绵羊的经验中，将"性"与"痛苦"联配在一起，产生类似"制约"的关系。而贫苦、不幸的童年生活也使他对社会充满敌意，缺乏应有的良心意识，种种因素加在一起，终于产生了令人发指，但他却不以为意的恐怖罪行。

犯下连续性谋杀滔天罪行的库登，在执刑前夕说："我现在最大的渴望是能在自己的头颅被砍下时，听到鲜血滴到盆子里的声音。"

1931 年 7 月 2 日，四十八岁的德国男子彼得·库登（Peter Kurten），因谋杀九名女子及十四次重伤害性攻击的罪名，而被架上断头台斩首。在执刑前夕，狱方为他准备了一顿丰盛的晚餐，他吃得津津有味，还要求再吃一顿。酒足饭饱后，他笑嘻嘻地说："我现在最大的渴望是能在自己的头颅被砍下时，听到鲜血滴到盆子里的声音。"

德国警方的心理学顾问伯格教授（K.Berg）曾和库登在狱中有过无数次的晤谈，以下是伯格教授所透露的库登案史：

库登出生在一个极端贫穷的家庭，有一段时期，全家大小十三人挤在一个房间里生活。他父亲是个性情残暴的铸模工人，经常喝得醉醺醺地返家，殴打库登的母亲，并强行交合；有一次还企图强暴自己的女儿。小库登对此都看得一清二楚，"性"过早即以一种异常的方式进入他的生活中。

他八岁时，认识了一个抓狗人，这个抓狗人教他如何替狗手淫及折磨它们，他觉得很有趣。在进入青春期后，库登一方面以割破火车座位、拉断电线、打破火警警报器的玻璃等来发泄他对社会的敌意，一方面则耽溺在过度的自慰中，并企图强暴他的姐姐和学校的女学生。但他最初的"做爱"对象是动物，如狗、山羊、猪、绵羊等，无事时他经常沿着莱茵河边的草地游荡，寻找能让他性交的动物。有一次他发现，在和绵羊性交时，用刀刺杀绵羊能增加他的快感。

十六岁时，他步着父亲的后尘，去当铸模的见习工，但因不堪苛待而偷钱逃到他乡，和一位妓女同居，不久，因偷窃被捕，而开始了总共十七次的第一次监狱生活。在狱中，他接受了罪犯常有的文身。出狱后，他带一个女孩子到森林中，性交时勒住她的脖子。库登回忆说，这次经验使他第一次体会到在性交时伤害对方能带来无上的快感。

库登的第一桩性谋杀发生在 1913 年，他在夜里潜入一户人家，家里的人都去参加宴会，只剩下一名十三岁的少女在床上熟睡。库登勒住她的脖子，割断她的喉咙，并用手指刺入她的阴道。这些举动带给他强烈的快感，以致在十六年后，库登仍能栩栩如生地描述当时的细节。

此后，库登即开始在他夜间的窃盗活动中增添了对性虐待激情的追求。他买了一把斧头，有一次用斧头击倒一对男女，看到他们流血后，库登自己兴奋得射精。另有一次，在想用斧头劈杀一名熟睡中的少女时，因他人闯入而仓皇逃逸，将斧头留在现场。另外，他还烧毁了一辆篷车，想勒死两名妇女。很显然，他已走上了强暴与性谋杀的不归路，但就在这个时候，他又因盗窃罪被捕，入狱八年。

出狱后，他和一个年纪比他大、曾因用枪射杀爱人而入狱的女子结婚。有数年之久，他安分守己地在小镇做个铸模工。事实上，除了偶发的性变态行为外，库登并非一个残酷的人，甚至是一个能讨人欢心的人，他从未虐待过他太太，但他太太却需忍受他到处拈花惹草，因为他经常调戏妇女，而妇女也很容易上钩。对引诱上手的妇女，他也不是都加以伤害，有些女孩子只是觉得他做爱的方式有点粗鲁而已。

虽然在数年之间没有过任何谋杀行为，但他的虐待性幻想仍然持续着，后来，似乎在某种神秘的召唤下，他又带着太太回到了大都会，都市里的匿名生活使得他的虐待癖好再度复苏。当在夜间当女侍的太太出门工作后，库登也出外去寻找他的猎物。起先，他只是攻击数名女子，但并未将她们置于死地（有两人报案说她们被勒杀未遂）。不过慢慢地，光是勒住女人的脖子不再能满足他，他对"血"的饥渴已日渐高昂迫切，有一次，在找不到猎物的煎熬下，他割下一只白鹅的脖子，并生饮它的血。

最后，他终于开始在性攻击中使用水果刀、剪刀及斧头等利器。第一位被害人是位太太，她在黑暗中受攻击，库登将她刺了二十四刀，结果使她在医院里躺了几个月。随后，他又刺死了一名酒醉妇人。接着是一名八岁女童，他先将女孩的尸体藏在一处篱笆后面，第二天清晨又带了一桶煤油去焚尸。库登后来解释说，他这样做主要是为了增加罪行的恐怖性。第二天，他站在附近的人群中，因听他们惊惶的议论而兴奋得射精。

随后几个月，他又谋杀了数名妇女，从死者陈尸的姿态可看出她们遭受过性攻击，但犯人似乎均未完成性交。警方对如此重大的罪行甚感头痛与愤怒，他们原先猜测这可能是数名不同的罪犯干的，因为它们接二连三地发生，实在令人难以相信一个人在星期天晚上连杀两名女童后，在星期一下午又会压抑不住冲动，再度杀人。

但也许对谋杀已感到厌倦，库登又恢复到以勒住妇女脖子为主的方式来满足他的虐待癖。警方并未怀疑到他，他的被捕可说纯属"意外"。原来库登勾搭上一个女佣，曾将她带到僻静之处，"温和"地勒住她的脖子，然后性交。这名女佣写信告诉她的一位朋友，但地址写错了，被另一个人收到，此人在拆开来阅读后，把它当作线索交给警方。当库登发现警方在暗中跟踪他后，他坦然地向太太说自己就是那可怕的凶手，而让太太将自己交给警方，好获得破案奖金以度余生。

在库登被捕后，库登的同事和邻人都难以相信平日和蔼可亲的库登就是那个恶魔，他们都认为警方抓错人了。入狱后，库登表现得满不在乎，他吃得饱睡得好，而且以愉快的神情回述作案的种种细节，他对伯格教授坦陈一切，他说他的变态罪行乃是他本性的一部分，虽然杀了那么多人，但他没有什么良心的折磨。

伯格教授将描述库登案史的著作称为《虐待者》（Der Sadist），虐待症是将人类两种最原始的愿望——"性"与"攻击"冶为一炉的性变态，它常常会闹出人命来，而连续性的性谋杀就是它的极致形式。

库登是一个单纯的虐待者，看不出他有任何受虐的倾向，他在性方面的虐待行为，可能跟他的偷窃、纵火、社会破坏行为等有较密切的关系，也就是一种不受道德意识所约束的攻击行为。就像他自己所说，他的变态罪行乃是他"本性"的一部分，也许他有遗传自父亲的残暴本性，再加上后天环境和学习经验，特别是从替狗手淫、折磨狗以及和绵羊性交而刺杀绵羊的经验中，将"性"与"痛苦"联配在一起，产生类似"制约"的关系。而贫苦、不幸的童年生活也使他对社会充满敌意，缺乏应有的良心意识，种种因素加在一起，终于产生了令人发指，但他却不以为意的恐怖罪行。

库登最后的渴望，"在自己的头颅被砍下时，能听到鲜血滴到盆子里的声音"，让人想起"虐待症之父"萨德的一句话："死刑的绞架是我欲情的宝座。"这种类型的虐待者常是"感觉饥渴者"，因一再追求更强烈的感觉，终至必须将对方置于死地，看到鲜血喷洒而出或血肉模糊的场面才能获得满足。对于这种人，"死刑的绞架"也许真的是他最理想的归宿。

壁橱里的尸体

　　克利斯提明显地具有性的自卑与挫折感，他有着强烈的性欲，但老天爷却作弄他，让他生来就是个畏缩、柔弱的小男人，早年受到玩伴的嘲笑及后来受到军人的殴辱，更使他对"无能"的自己及让他觉得"无能"的女性怀有模糊的恨意，为了满足他无法满足的性欲及恨意，将女性弄得"不省人事"，然后任意摆布、玩弄她们，遂成为他的最爱。

克利斯提说他在勒杀及强暴了女人之后，有一种奇怪的"和平"和"幸福"的感觉，甚至为自己感到"骄傲"。

1953 年，在英国某个小镇，一位牙买加房客从住处闻到一股难闻的臭味，他循味而往，发现臭味来自屋主房间内的壁橱，但壁橱被新贴的壁纸封死，他撕开壁纸，赫然发现里面塞着三具女性的尸体。大惊之余，他立刻报警，经过警方的搜索，又在屋子的地板下发现房东太太艾雪儿的尸体，并在后院里挖掘出两具枯骨。

警方确定离家四天的屋主约翰·克利斯提（John R.H.Christie）就是凶手，发出通缉令，不久，克利斯提被捕，他坦陈罪行，以下就是克利斯提的自白：

克利斯提说他出身于贫苦的工人家庭，父亲以维多利亚时代惯有的粗暴蛮横方式对待子女，但他却得到母亲的钟爱。从小他就是一个柔弱而不快乐的孩子，在学校的成绩不好，游戏也不在行，又经常生病，再加上母亲的溺爱，因此常以柔弱来博取他人的同情。

克利斯提有早熟而强烈的性欲，他说他在十岁时就被姐姐激起性欲（他有三个姐姐），但他对女人的恐惧亦同样强烈，因为姐姐们总是对他颐指气使，让他抬不起头来。十五岁时，他想和一个女孩子初试云雨，但却完全不济事，彻底失败。这件糗事后来传开来，同伴们都叫他"没有鸡鸡的克利斯提"或"不能人道的克利斯提"，这种取笑使他很久都抬不起头来。

二十二岁时，他邂逅了艾雪儿，不久就和她结婚，但婚后有两年之久，都无法"完成"真正的性交——因为他在这方面确实不济事。

克利斯提从小就有偷窃的恶习，且经常被捕。婚后在邮局工作仍难改恶习，不久即因偷窃邮局汇票而坐牢。第二次世界大战爆发后，克利斯提竟被征调为战时的后备警察，由小偷变成警察后，他即开始作威作福，欺压邻里。四年后，他勾搭上一个军人的妻子，但有一天，军人突然返乡，看到妻子和克利斯提搞在一起，狠狠地将克利斯提修理了一顿。

饱受羞辱的克利斯提，心中充满了愤恨，但却不敢报复。不久，他利用妻子回娘家的机会，邀一名年轻的妓女到他家，将她勒死，然后再与她性交，事后，他将尸体埋在自家的后院里。一年后，他又利用太太不在家的时候，骗一个女人说他有治疗鼻炎的妙方，其实是将"治疗"用的吸管衔接在瓦斯管上，当女人吸进瓦斯后，即失去意识，克利斯提就脱掉她的衣服，一边勒着她的脖子，一边强暴她。事后，他杀死了这个女子，同样将她埋在后院。

也许是两次的性谋杀驱除了克利斯提不少情感的重担，也许是此后他太太经常在家，随后五年，克利斯提并未再犯下任何罪行。

直到1949年，克利斯提心中那股不安的邪恶又逐渐高涨起来。这时，刚好有一对年轻的夫妇搬到他们楼上来。年轻而漂亮的妻子有孕在身，可怜的丈夫来向克利斯提吐苦水，说他已无力再抚养孩子。克利斯提抓住机会，骗说他是堕胎的老手，就在某天下午，他经过那位可怜丈夫的允许，来到孕妇的房间，准备为她堕胎，事实上，是假借名义，饱览她的肉体，然后将她弄昏迷，予以强暴。结果这位孕妇没有醒来，克利斯提遂骗那位可怜的丈夫说他妻子在堕胎过程中死亡，要他不能张扬，而合力将尸体埋葬。

三年后，克利斯提又展开他最后的疯狂谋杀。他先勒死自己的妻子艾雪儿，然后将她埋在屋里的地板下。谋杀的真正原因不明，也许是为了将房产据为己有。随后两个月内，他又陆续骗了三名妇女到他的住处，利用瓦斯让她们陷入昏迷，再予以奸杀。事后，他将尸体塞到壁橱里，并贴上壁纸予以掩饰，然后离家；直到那位牙买加房客发现尸体才东窗事发。

法院认为克利斯提罪实难逭，而将他判处死刑。

克利斯提跟前一个案中的库登有点类似，都是具有性虐待倾向的杀人狂魔，但在心理动因上可能稍有不同。

克利斯提明显地具有性的自卑与挫折感，他有着强烈的性欲，但老天爷却作弄他，让他生来就是个畏缩、柔弱的小男人，早年受到玩伴的嘲笑及后来受到军人的殴辱，更使他对"无能"的自己及让他觉得"无能"的女性怀有模糊的恨意，为了满足他无法满足的性欲及恨意，将女性弄得"不省人事"，然后任意摆布、玩弄她们，遂成为他的最爱。克利斯提说，他在勒杀及强暴了女子之后，有一种奇怪的"和平"与"幸福"的感觉，甚至为自己感到"骄傲"，这种情绪反应似乎就是来自他积压甚久的性自卑与性挫折的宣泄。

里弗（River）曾报告过一个年方二十岁的连续杀人色魔，他惯用的手法是在月圆之夜，手持木棒守候，将过路的女子击昏，然后加以强暴。但令人惊讶的是，这位色魔的性器非常短小，以至于他和太太必须彼此借"口交"才能获得满足。这样一个无法从正常性行为里获得满足的男人，为什么要外出去强暴女人呢？很可能就是来自性自卑与性挫折。里弗推测，那根"巨大的木棒"可能就是"巨大的男性性器"的象征，他用它来击倒受害的女子，是在发泄自己的性自卑与挫折。

档案 36
恐怖的掘墓人

　　"虐尸症"的患者以未婚男性居多，通常孤僻而冷酷，对"性"可能没有多大的兴趣，但在潜意识里，对女人可能有很深的积怨。多数的"虐尸症"者，都是先引诱或强逼活生生的女人，在将对方折磨至死后（有时是失手），内心的压力仍无法解脱，而继续以折磨尸体来取乐，譬如咬、割、捶打尸体，甚至"吃掉"对方的乳头或尸体的其他部分等。

　　每隔一段时间，他就在不可遏制的冲动下，到墓园里挖出女尸，在尸体上面自慰，有时还亲吻和爱抚尸体……

　　巴黎近郊的某个墓园，在某年的春夏之交发生了骇人听闻的怪事：刚埋下不久的尸体又接二连三地被挖出来，而且尸身受到踩躏。所有被挖出的尸体都是女性，其中还有一个年仅七岁的小女孩。

　　大家怀疑这是性变态者的疯狂举动，于是加派人手在夜间留守墓园。但当这个墓园的守卫增加后，凶手却又转移到另一个墓园去，而且变本加厉，不仅挖出尸体，还剖开尸体，掏出肠子和内脏，弄得满地狼藉。

　　有一晚，在某某墓园的守候者发现一个黑影正翻墙想进来，他们开枪射击，但却被对方溜掉了，不过从现场留下的一块衣服碎片判断，对方是一个军人。

　　几天后，一个挖墓工人听到一个工兵说，他们有一位战友 B 中士最近意外受伤而在某军医院住院。有关单位派侦探去刺探，结果 B 中士很爽快地坦陈他就是那位令人发指的尸体踩躏者。

　　在犯案时，B 中士年方二十七岁。当他被捕后，所有认识他的人都甚为惊讶，因为他是一个表现出色的军人，还是一个虔诚的天主教徒，在军中战友之间颇孚众望，不像一般军人喜欢说脏话，而且定期上教堂做礼拜。同时，他也很有女人缘，善于对女性献殷勤，有不少女朋友——虽然都是乡下女孩，其中还有几个是真心想嫁给他。

　　这样的一个人，怎么会成为令人发指的尸体踩躏者呢？我们恐怕只能从他的过去中找答案。

B中士成长于农村，据他说在八岁时就发现自己有非常强烈的性欲，耽溺于自慰，到十几岁时，一天自慰的次数常高达七八次，只要看见女性的衣服就会勃起。他不仅过度自慰，还一边自慰一边幻想自己正在折磨、蹂躏裸体的女孩。这种虐待倾向似乎跟他易怒及不耐烦的脾性有关，他从小就喜欢摔东西，他说笛子和小刀若落到他手里，不到一天就坏了，因为他忍不住用它们乱敲乱割。成年以后，他竭力想克制这种破坏的冲动，但每当喝醉酒时，就又失去理智，而摔打伸手所及的任何东西。

二十四岁时，他开始有了虐待动物的行为，曾将一只狗折磨至死，而且还掏出它的肠子来。第一次虐待尸体则发生在二十五岁时，据他自述：

"某天中午，我和一个朋友外出散步，我们刚好走过一个墓园，看到一个尚未埋妥的坟墓（可能是工人做到半途歇工）。我找个借口离开那位朋友，又折返墓园。在一种可怕的兴奋和压力下，我拿起旁边的铲子开始挖墓，完全忘了这是大白天，而且可能被发现。当尸体被挖出后——那是一具女尸，我变得非常激狂，而用铲子猛击尸身，因为声音太大，结果引来一位在墓园附近的工人。当我看到他出现在墓园的大门口时，我连忙在尸体的旁边躺下来，保持安静。后来，他大概是跑去报警，于是我将一些土覆在尸体上面，然后离开墓园。我全身颤抖、冒冷汗，而且茫茫然地隐身于附近的一个小树林里。"

那天晚上，他又潜回墓园，用手挖出那具女尸，而且撕开她的肚子。

此后，每隔一段时间，他就在不可遏制的冲动下，到墓园里挖出女尸，在尸体上面自慰，有时还亲吻和爱抚尸体，但最后则加以蹂躏摧残。如果挖出的是男尸，他就嫌恶地避开，有一次甚至连挖了十五次，才找到一具"理想"的女尸。

晚上，他从事这些令人发指的恐怖行动，但在白天，他却周旋于乡下姑娘间，和她们谈恋爱，而且在性方面让她们获得完全的满足。但他还是比较喜欢女尸，他说："我无法形容那种感觉，但我从活生生女人身上得到的所有欢乐都无法和它相比。"

B 中士最后被判有期徒刑一年，在出狱后即不知所终。

这是一个恐怖的"虐尸症"（necrosadism）个案，属"虐待症"的一种。

一般说来，"虐尸症"的患者以未婚男性居多，通常孤僻而冷酷，对"性"可能没有多大的兴趣，但在潜意识里，对女人可能有很深的积怨。多数的"虐尸症"者，都是先引诱或强逼活生生的女人，在将对方折磨至死后（有时是失手），内心的压力仍无法解脱，而继续以折磨尸体来取乐，譬如咬、割、捶打尸体，甚至"吃掉"对方的乳头或尸体的其他部分等。在这样做时，虽然会相当激狂，但事后通常并不惊慌或有罪恶感，照样吃饭、睡觉，可以说是相当病态的反应。

本个案中的这位 B 中士，他和活生生女人的交往倒是相当正常，也没有特别的性挫折或演出焦虑，唯一的毛病是性欲过强及有破坏冲动，而且这两者似乎都含有体质的成分（虽然从记录里我们不知他是否有脑神经系统方面的毛病）。将"性"与"攻击"冶为一炉，对他而言可能是一种双料的刺激，但这却是他的道德意识所不容许的（他是一个天主教徒），于是他将这种冲动转移到他认为"无害"的对象上，先是猫、狗等动物，然后是已经"失去生命"的尸体，在这些"东西"上面发泄他的激情。也许是激情在夜里得到了发泄，所以在白天，他仍能做一个受欢迎的"好人"。

档案 37

乱伦世家

　　因为血亲乱伦生下的后代在遗传上常有严重的缺陷，而较高等的动物也都有回避乱伦的生活形态，所以不少人认为"乱伦禁忌"可能是自然的意旨，而人类社会更以各种文化约束及道德规范来强化这种"乱伦禁忌"。职是之故，乱伦一向被视为一种性变态，最少，是一种严重的性偏差行为。

忍无可忍的妻子向他发出最后通牒：要么离婚，要么接受治疗。B君选择了治疗一途，但他的毛病不是性无能，而是乱伦……

B君是一个三十七岁的已婚男子，和妻子育有四女一男。有一天，忍无可忍的妻子向他提出最后通牒：要么离婚，要么去接受治疗。B君选择了治疗一途——他的毛病是有乱伦行为，在医师面前，他说出了他的家庭三代之间惊人的乱伦内幕。

B君说他来自一个缺乏温情的家庭，自己的长相和个性都和父亲很像，但父母之间的关系却非常冷淡，经常彼此公开地向对方表露敌意。在成长过程中，B君对性的概念除了来自同龄玩伴的灌输外，主要是得之于在自己家中的观察所得。

他说当他十一岁时，就曾目睹父亲和他十三岁的姐姐性交。随后不久，他即有样学样，开始尝试和姐姐做性方面的游戏。姐姐对这种乱伦关系似乎不以为忤，不过B君说当时他只是好奇，并没有什么性高潮的体验。

B君的母亲显然知道自己的丈夫和大女儿间的不伦关系，但却懒得理睬，似乎是被动地接受了这个事实。事实上，B君说父亲经常和母亲及姐姐共睡一张床，而父亲就在母亲的身侧抚摸姐姐的身体。B君就这样和父亲各自为政地与姐姐发生性关系，直到她十四岁时逃离家庭为止。

B君在十六岁时，也离开了家。当他不在时，他父亲又陆续和他刚届青春期的两个妹妹有乱伦的行为。两年后B君重返家门，很快就又步着父亲的后尘和这两位妹妹发生性关系，而且直到她们先后离家之前，一直断断续续地维持这种关系。

二十一岁时，B 君和一个十八岁的农村少女结婚。婚姻生活乏善可陈，但也没有特别的问题。五年前，当他妻子因分娩最小的女儿而住院时，B 君即在家里诱导十二岁的大女儿和他发生性关系，此后数年，他每个星期和她性交两到三次。

这位大女儿后来在和医师面谈时说，对父亲的侵犯她只能被动地接受，对这样的性行为她没有任何快乐可言，而她之所以让它持续下去，纯粹是父亲希望她这样做，因为当她拒绝时，看到父亲失望的样子，她心里感到难过，而且她也害怕如果不顺从父亲的意思，可能会失去父亲的爱。

当 B 君食髓知味，而想染指他的第二个女儿时，却受到二女儿的强烈抗拒，因此，他能够顺利"完事"的机会并不多。接下来，B 君更得寸进尺，竟想用手去玩弄他年方八岁的三女儿，但因她过度反抗与哭叫，而使他未再对她有进一步的举动。

当他唯一的儿子进入青春期后，B 君即教导他性行为的各种细节，而且怂恿他和自己的母亲性交。这位儿子最后终于对他母亲展开暧昧的性进攻，但却引起母亲极度的愤怒。在此路不通后，B 君遂允许儿子和他已得手的两个女儿发生关系，大女儿接受了她弟弟的性索求，但二女儿则严厉地拒绝。

对这些令人发指的乱伦行为，B 君居然能毫不犹豫地在医师面前一一道出，虽然对自己的这种乱伦行为，B 君说他有一些罪恶感，但却阻止不了他继续和自己女儿发生性关系的渴望，他安慰自己说对女儿做性的引导是在帮助她们。

相当讽刺的是，在其他方面，B 君都是一个中规中矩的人，甚至以颇高的道德标准来要求他的家人。而在工作上也相当尽责，同事都说他是一个正经的好人。

解说

弗洛伊德曾借用希腊悲剧的故事，提出"俄狄浦斯情结"与"爱列屈拉情结"，分别指男孩和女孩在心性发展过程中对异性父母的迷恋，也就是乱伦的欲望。但他也指出，这种欲望因不被社会所容许，所以后来都受到了潜抑，如果一个人肆无忌惮地表现出这种欲望，可能就会像希腊悲剧里的俄狄浦斯和爱列屈拉，受到严厉的惩罚。

这种说法虽然相当魅人，但却跟现实社会里的乱伦事件有相当大的差距。在现实社会里，父女乱伦或母子乱伦几乎都是来自亲代对子代的引诱或胁迫，而非出于子女对父母的迷恋。根据报告，父女乱伦要比母子乱伦多出甚多，但最常见的则是兄妹或姐弟间的乱伦。

因为血亲乱伦生下的后代在遗传上常有严重的缺陷，而较高等的动物也都有回避乱伦的生活形态，所以不少人认为"乱伦禁忌"可能是自然的意旨，而人类社会更以各种文化约束及道德规范来强化这种"乱伦禁忌"。职是之故，乱伦一向被视为一种性变态，最少，是一种严重的性偏差行为。

最近的性幻想调查报告指出，事实上，有不少人心中存有见不得人的乱伦幻想，但因文化约束及道德规范，很少人会真的将它付诸行动。不过有几个因素可能会使人失去控制，而踏入禁区之中。一是没有区隔的居住空间，譬如兄妹共睡一室，甚至全家人睡通铺，若再加上衣着暴露，性的讯息增加，即可能增加乱伦的机会。二是父母（特别是父亲）本身有精神病态，譬如酗酒、精神病、变童症等，在内在控制力低的情况下，即可能使子女成为受害者。三是婚姻不美满、家庭破裂，譬如妻子对丈夫很冷淡，拒绝行房，或离家出走等，丈夫可能就将他的欲望转向无辜的女儿。四是来自错误的学习，上一代如已有乱伦的行为，则在有样学样的情况下，下一代可能也会步其后尘，而不会觉得有什么不对。

本个案中的 B 君，可以说颇符合上述的模式，他父亲在不美满的婚姻中，和女儿发生关系，B 君在这种错误的示范下，也走上了乱伦之路。在自己有了女儿后，他也因妻子住院而和女儿发生关系，甚至还主动教导儿子跟他一样乱伦。

虽然有些乱伦行为是当事者性杂交行为中的一环，但更常见的情况是当事者的杂交只局限在自己的家庭内，他的个性通常内向而拘谨，和外界缺乏人际接触，很少有外遇或嫖妓的行为，把"亲人"当作"爱人"极可能含有"性怯懦"的成分。本档案中的 B 君，有的正是这种特质。

从本个案我们也可看出，被侵犯的女儿如果"不忍心让父亲失望"，而妻子也只是"被动地接受这个事实"，那无异是在鼓励乱伦者更得寸进尺。要打开这个结，除了在未发生之前要毫不妥协地严拒外，在已发生之后，更应该采取断然措施，但在"家丑不可外扬"的文化压力下，这点也是说来容易做来难。

档案 38

穿太太裙子的卡车司机

即使是单纯的异性装扮癖也有程度之别，有的只是在里面穿着女性的内衣裤，外面则是西装革履；有的则需里里外外都做女性的打扮，甚至还需戴假发、涂脂擦粉；有的只是在无人处做此打扮，顾影自怜；有的则需要到外面走走，甚至在大白天招摇过市。

当太太不在时，他就穿上太太的衣服，涂上太太的口红，有两次甚至就这样打扮成异性，到公共场所露面。

R君是一个二十二岁的卡车司机，结婚没多久，婚姻尚称美满。但有一天，当他太太从外面回来时，却发现了一件让她目瞪口呆的事：丈夫居然穿着她的衣服和鞋子，脸上还涂了口红和面霜，在房间里如女人般忸怩作态。

被妻子撞见自己隐私的R君，其惊慌不亚于妻子。在一阵尴尬后，R说他是一个"有病"的人，妻子鼓励他去看医师，而R君也觉得再这样下去不是办法，于是去寻求精神科医师的帮忙。

从外表上根本看不出R君居然喜欢做异性的打扮，因为他不仅从事非常男性化的工作——卡车司机，而且也喜欢举重、健身操等男性化的运动。但他心中却不时会产生一个隐秘的渴望——穿上女性的衣服，在镜前顾影自怜。

R君说，在他的记忆里，最早的一次经验是当他八岁时，看到姐姐的衣服放在床上，他好奇地将它穿上，然后站到镜前，欣赏自己在镜中的模样，觉得有一种快乐、安谧的感觉。以后一有机会，譬如家里没人时，就会觉得心神不宁，而必须偷偷穿上姐姐的衣服才能消除紧张。

十五岁以后，穿上女性的衣服开始带给他性的快感，他会兴奋得自慰。而即使没穿女性衣服时，每次自慰也都伴有打扮成异性的幻想。后来到海军服役，在军中仍持续这种癖好，甚至自己到外面购买女性衣物，以备不时之需。

退役后不久，他就和现在的妻子结婚，性生活尚称圆满，每星期约同房三次。他自知打扮成异性是不正常的行为，原本希望婚后会自行消失，但却好景不长，他妻子的衣物成了新的诱惑，于是不久他就又故态复萌，而乘太太外出时，穿上太太的衣服，用太太的化妆品，有两次甚至就这样打扮成异性到公共场所露面。最后，夜路走多了，终于被太太撞见。

解说

这是一个"异性装扮癖"（transvestism）的案例。

在精神医学里，会"打扮成异性模样"的有下面三种可能：一是"异性化的同性恋"，约有百分之十到十五的同性恋者属于此类，他们在言语、举止和服装上都具有"异性味"，但虽然打扮成异性的模样，却对真正的异性没有兴趣，而只喜欢同性。一是"变性癖"（transexualism），这类人士认为自己是"生错了身体"，他应该是彻头彻尾的异性才对，因此，他们不仅打扮成异性，而且还想把自己的身体变成异性，例如男的变性癖者，打扮成女性只是其"初阶"，接下来还要去毛、注射女性荷尔蒙、隆乳、做人工阴道等。另一则是本档案所说的"扮异性症"，这类人士没有"同性恋"或"变性"的想望，属异性恋者，但却会间歇性地打扮成异性，而且多数会因此而获得性兴奋。有些专家认为这其实是"恋物癖"的变形，所以又将它称为"恋物性的扮异性癖"。"恋物癖"是当事者"赏玩"女鞋、内衣裤等异性之物，而"恋物性的扮异性癖"则要将这些衣饰穿戴到身上才过瘾。

但即使是单纯的异性装扮癖也有程度之别，有的只是在里面穿着女性的内衣裤，外面则是西装革履；有的则需里里外外都做女性的打扮，甚至还需戴假发、涂脂擦粉；有的只是在无人处做此打扮，顾影自怜；有的则需要到外面走走，甚至在大白天招摇过市。但不管如何，当事者都会因此而觉得刺激，兴奋无比；有的会在兴奋之余，继之以自慰的行为，有的甚至在和配偶性交时亦需穿上女性的衣物才能维持勃起。

有些患者说，他们在小时候有被大人打扮成异性的经验（通常是出于逗弄的心理），当时虽没有性兴奋的感觉，但到了青春期开始对异性感兴趣而又无从接近时，很自然地就重演旧戏，将具有诱惑力的女性衣饰重新穿上身，从"体贴"中获得快感。不过仍有不少患者说他们小时候并未有过被打扮成异性的经验，而是自己主动地由把玩女性衣物到进而将它们穿戴到身上，然后再经过"性兴奋"与"扮异性"间的一再"联配"，而演变成难以摆脱的恋物性扮异性癖。

在所有的性变态中，异性装扮癖是最不具危险性的，顶多只是让人皱眉而已。在两性装扮日渐打破旧有的刻板模式之今天，有越来越多的男孩子打扮得像个女孩子，而女孩子则打扮得像个男孩子，但这是另一个问题，跟本个案所谈的异性装扮癖完全是两回事。

变成女人的男人

  一个原因是瓦特当时已迈入中年，可能面临所谓的"中年危机"，他将这种"中年危机"巧妙地转化为"性别认同的危机"，心中也许有着只要成为一个女人就可以"开始崭新人生"的幻想，所以蛰伏多年的"蛹"，决然地要脱壳而出，蜕变成一个女人。

同事们好像目睹一只毛毛虫如何蜕变成蝴蝶般，又好像做了一场梦，醒来时发现他们可敬的男主任已变成一个十足的"女人"。

1981 年底，一个名叫苏珊的女子被发现陈尸于自己的寓所，死因是服用过量的止痛剂"可卡因"而中毒。令人困惑的是，这名女子在九个月前才动过"变性手术"，在此之前，"她"一直是个男人，名叫瓦特·坎侬。

"她"的故事充满了悲剧性，要了解这种悲剧性，需从"他"的故事——也就是瓦特的过去说起。瓦特于 1925 年出生于北卡罗来纳州，父亲曾担任过杜克大学神学院院长，祖父则是美以美教派的主教，家里一直有浓厚的宗教气氛。

比瓦特大三岁的哥哥吉米，自幼聪颖非凡，瓦特一直在他的阴影下长大。但吉米不幸在十一岁时死了，父母悲痛莫名，而瓦特对哥哥的死则有一种"解脱"与"罪恶"的复杂感觉，但也使他发愤想超越他的哥哥。后来，瓦特果然以优秀的成绩赢得了为纪念他哥哥而设的奖学金。欣慰的父亲写信嘉许瓦特，但却不意将两个儿子的名字搞错了，而称瓦特为"吉米"。瓦特觉得很不是滋味，在信封上写道："父亲所说的是我吗？"

种种因素使瓦特急欲逃离北卡罗来纳的家，最后他如愿以偿，十六岁就进入了普林斯顿大学。在这个男孩子的世界里，瓦特开始有了所谓"情境性的同性恋"行为，但到了周末，当他的同性伴侣都到纽约去和女孩子约会时，瓦特却孤独地留在宿舍里，因为他发现他对女孩子没有丝毫的兴趣。对这种感觉，他不敢向任何人倾诉，而只有在自己心中反刍思索，他开始觉得自己是一个男性与女性的混合体，虽然拥有"男性的身体"，但却"当作女人来使用"。在不知怎么办的情况下，他开始借酒消愁。

第二次世界大战期间，瓦特到海军服役，这又是一个纯男性的世界，在服役期间，他仍持续认为自己是个女人，也一再地在同性恋行为中扮演女性的角色。

退役后，瓦特到哈佛大学攻读科学史博士学位，在这期间，他认识了帕蜜拉小姐，帕蜜拉是个双性恋者，事实上，她喜欢同性恋甚于异性恋。她了解同时也接受瓦特的性偏好，她说她愿意替瓦特筛选合适的男人，也鼓励他从事他所喜欢的性冒险。瓦特本想和帕蜜拉结婚（好让父母能早日抱到他们盼望的孙子），但最后觉得这是不可能实现的梦幻而作罢。

获得博士学位后，瓦特先后在麻省理工学院、柏克莱加州大学等知名学府担任教职，1962 年进入史密斯森历史博物馆，并获得国家科学基金会的奖助，到伦敦研究维多利亚时代的科学社群。维多利亚时代是一个表面拘谨，却偷偷摸摸追求性享乐的时代，而它正反映了瓦特个人的真实生活。表面上，他是一个拘谨、学有专长的学者，和同事保持礼貌而不亲密的关系；但私底下却过着危险的生活，和同性恋者混在一起，有时还偷偷参加一群异性装扮癖者的社交活动。

1975 年，瓦特完成其代表作《文化中的科学：维多利亚初期》，在扉页的作者自述里，瓦特以一个男人的身份在说话。但当书快出版时，他却已公开表明他是一个"女人"，而不得不改变其中的作者序。而该书最后也以"苏珊·慧伊·坎侬"的作者名字出版。

在这期间，博物馆的同事们好像目睹毛毛虫如何慢慢蜕变成蝴蝶般，看到瓦特如何变成苏珊。起先，他们发现瓦特开始随身携带一个小皮包，然后是穿有女人味的衣服，然后是项链……大家好像做了一场梦，醒来发现他们可敬的主任竟然已变成一个十足的"女人"。他坚持同事们改口叫他"苏珊"，而不是"瓦特"。博物馆内的一些卫道人士对他这种行径当然是如芒刺在背，觉得不宜让他太过招摇，而开始限制他的活动。

1979年，他因穿着女装被来博物馆参观的重要人士撞见，而被馆方以"无能"为由强迫退休。原来不准备做性荷尔蒙疗法与变性手术的他，突然变得积极起来，渴望能真正拥有女人的身体。他先进行女性荷尔蒙疗法，而在1981年2月，不顾医师的反对，毅然进行变性手术。

在变成"真正的女人"后，"她"可能因本来就有的背部关节炎症状加剧，而服用过量的可卡因致死。

在死前，最后和"她"见面的是一个女人，而且是个女同性恋者。在"她"最后的日记里，苏珊透露了一个令人惊讶的事实，"她"说："现在（手术后）我觉得我是个女同性恋者。"当他还是一个男人时，他无法和女人发生亲密的肉体关系，但在成为女人后，却又无法和男人发生肉体关系，而变得渴望和女人做爱。

广义来说，从瓦特变成苏珊的这名男子，可以说是一个同性恋者、扮异性癖者及变性欲癖者；但其核心问题可能是他是一个女性化的同性恋者。

同性恋是性取向之一，指只对同性产生爱情和性欲的人。真正的同性恋者对异性完全没有性方面的兴趣。为什么会产生同性恋呢？专家认为可能有两个原因：一是生物学上的，特别是大脑中的性行为中枢将性的本能指向同性，某些动物实验似乎证实了这种观点。一是后天环境上的，譬如在心性发展过程中，对自身的性别认同走向对立面；或是在性探索过程中，即与同性初试云雨而习惯成自然等。①

本个案中的瓦特，从小就被家人视为是他哥哥吉米的"替身"，他对此心生排斥，可能造成了他对自己的性别更趋女性的认同；而在普林斯顿大学清一色男性的环境中，和同学的同性恋行为也可能造成他日后的习癖；但问题是绝大多数有同样经验的人并不会像他一样"对女人完全没有兴趣"，所以他的同性性取向可能还有更基本的生物学上的原因，环境因素只是诱发他显露这种本性的催化剂而已。

从其他方面我们也可以看出环境因素所扮演的这种角色，虽然他觉得自己是一个"拥有男人身体的女人"，但在家庭教养及社会道德的压力下，他一直不敢公开表露这种倾向，只是暗地里求发泄，甚至还准备和一个女同性恋者结婚，以掩人耳目。但后来为什么又公然地说他是一个"女人"呢？因为环境发生了变化，一是他生命中最重要的两个女人——他的母亲和他本欲与之共结连理的帕蜜拉先后去世，瓦特在悲伤之余曾写了一首《三个不相干女人的挽歌》来倾诉他的愁绪，其中一个"女人"指的可能就是他自己。另一个原因是瓦特当时已迈入中年，可能面临所谓的"中年危机"，他将这种"中年危机"巧妙地转化为"性别认同的危机"，心中也许有着只要成为一个女人就可以"开始崭新人生"的幻想，所以蛰伏多年的"蛹"，决然地要脱壳而出，蜕变成一个女人。

但开始时，他只是作女性的打扮而已，并不准备做变性手术（这跟真正的变性癖者不同），直到后来被博物馆无情地开除后，他受了刺激，才突然变得积极起来。

不过最令人错愕的也许是当他真正拥有"女人的身体"后，"她"还是

①又有观点认为，同性性取向是由同性恋基因决定的，后天无法改变，个人经历和社会文化环境等因素的不同，使同性恋个体意识到自己性取向的时间或早或晚。本书尊重并呈现两种观点，供读者参考。

一个同性恋者，只是性对象从男人变成女人而已，这又使我们不得不认为他的问题并不单纯是生物学上的问题，而是先天与后天、生理与心理互相纠葛，剪不断、理还乱的问题。

我们无法确知瓦特在变成苏珊后，是否比较快乐？但可能是失望的成分居多。最重要的一点是他已五十六岁，而非十八岁，五十六岁的人想成为足球健将或芭蕾舞者都已嫌太迟，更何况是重新学习做一个"女人"？

妻子和她的情夫

　　所谓"妄想"是指一个人凭其主观意识来解释事情，从旁人的立场来看，这种解释乃是不符事实的错误信念，但他们却对此深信不疑。其实，每个人在解释事情时，都含有主观的成分，偶尔也难免会怀疑他人，但通常是一过性的，在适当的说明后即能释怀。而妄想狂患者的怀疑却是持久而不可动摇的，"不可理喻"，而且会对这种妄想采取他认为必要的行动来保护自己。

妻子红杏出墙的想法痛苦地咬啮着他的心灵，他偷偷跟踪他的妻子和同事，虽然一无发现，但被妻子背叛的执念却越来越强烈。

E君是一个已婚的中年工程师，多年来，一直因"绿帽疑云"——认为妻子对他不贞，而在心里痛苦着。

他虽以优异的成绩毕业于某大学的电机系，但因个性拘谨而又好挑剔，所以没有什么朋友，更不要说和异性谈恋爱了。年轻时代曾以自慰来排遣寂寞，但后来即认为这是幼稚的行为，而以举重来避免手淫的诱惑。

直到三十一岁时，他才和现在的妻子结婚，但很快就在性方面遭遇困难。他自己在性方面虽非毫无经验，不过新婚伊始，即有"力不从心"的感觉，认为妻子在床上表现得过分热情，让他颇感惶惑与焦虑，并因此而觉得妻子是一个性欲旺盛的女人，自己恐怕无法满足她。

不久，E君即对这样的婚姻生活感到失望，认为和这样的女人结婚太草率了。无奈木已成舟，也只好将就。

结婚十年后，他妻子静极思动，对社会工作变得非常热心、活跃，不仅经常在白天外出，而且每周有一个晚上需到会员家里开会，讨论他们的工作和活动，而E君则留在家里照顾小孩。他对此虽然不太高兴，但也找不到什么反对的理由。

有一天晚上，他打电话到妻子聚会的会员家里，但电话却没人接，他越想越不对劲；而当天晚上，妻子又很晚才回家。E君不悦地兴师问罪，虽然妻子向他解释说是因为聚会的地点临时改变，才让他找不到人，而且变得晚归，但 E 君已是满腹疑云，他觉得妻子一定有什么事瞒着他，说不定是假借聚会的名义，而在外头和别的男人胡搞。

后来，E 君服务的公司因为一项特殊计划而要求 E 君改在晚上上班。E 君觉得这是一项阴谋，因为他的一位同事——和他妻子在搞什么社会工作而定期聚会的男人——却能照常下班。E 君对妻子和这位同事间的可能关系早就疑云重重，现在更加怀疑他们之间"一定"有什么不可告人之事。也许是他的同事在搞阴谋，想和他的妻子能更安心地幽会，所以他才被调为上夜班。

妻子红杏出墙的想法痛苦地咬啮着 E 君的心灵，他开始想尽办法偷偷地跟踪他的妻子和同事，虽然一无发现，但被妻子背叛的执念却越来越强烈，心中的怒火也越来越炽热，竟开始怀疑妻子和那位同事正准备谋杀他。

有一天晚上，当妻子在饭后递给他一杯饮料，而她自己却没有时，E 君压抑已久的执念和怒火终于爆发，他对妻子大声咆哮，说她想用这杯饮料毒死他，好和情夫双宿双飞。

满头雾水的妻子到现在才知道，近几个月来丈夫的怪异行为竟然是怀疑自己"红杏出墙"。她觉得丈夫"病"了，而且病得很重，她劝丈夫到医院去。

在极度惊恐中，E 君同意住到医院里。刚住院时，E 君的心神相当不宁，对每个人都疑神疑鬼，不久，他的焦虑逐渐减轻，但仍坚信妻子"确实"对他不贞，而那位同事就是她的情夫。

这是一个"妄想狂"（paranoia）的病例。paranoia 的字源来自两个希腊字 para 和 nous，para 是"旁""侧"的意思，nous 则是"心灵"的意思，因此 paranoia 具有"偏倚之心灵"的意思（日本人即将"妄想狂"译为"偏执狂"）。

所谓"妄想"是指一个人凭其主观意识来解释事情，从旁人的立场来看，这种解释乃是不符事实的错误信念，但他们却对此深信不疑。

其实，每个人在解释事情时，都含有主观的成分，偶尔也难免会怀疑他人，但通常是一过性的，在适当的说明后即能释怀。而妄想狂患者的怀疑却是持久而不可动摇的，"不可理喻"，而且会对这种妄想采取他认为必要的行动来保护自己。

有妄想倾向的人通常对他人缺乏基本信赖感，而且这种态度通常是在童年时代即已养成。本个案中的 E 君，他是在母亲强悍、父亲懦弱的环境中长大的，他母亲为了将他抚养成一个"真正的男人"，从小就不抱他、哄他，当他因经常做噩梦而向母亲哭泣时，得到的却是母亲的嘲笑。在这种环境中长大的孩子，自然对他人缺乏基本的信赖感，如果别人因他的敌意与多疑而回避他，会更加加深他的敌意和怀疑，令他更确信别人对他不怀好意，结果造成恶性循环。

在婚姻生活中，若对配偶缺乏基本信赖感，很容易就会产生病态的嫉妒与怀疑配偶不忠，如果又有其他诱因，则会更为加剧，E 君有的似乎就是这种情形。原来就对人缺乏基本信赖感的他，在性方面偏偏又有力不从心之感，而他太太偏偏又喜欢到外面走动，和别的男人从事社会工作，这些因素加起来，使他"偏执的心灵"预先得到了"妻子必将红杏出墙"的结论，于是他对环境中的讯息做"选择性的认知"，将某些偶发的、不相干的事件做符合其怀疑的解释（关系妄想），最后越陷越深，终至产生了妻子和情夫要联手杀死他的被害妄想。

配偶明明洁身自爱，而仍一再怀疑甚至坚信配偶对自己不忠，是一种常见的妄想狂，其成因除了 E 君这种情形外，还有一个原因是来自当事者的"外射作用"（projection）——因为自己想外遇（或实际上已有外遇行为），而把这种想法"外射"到配偶的身上，特别去注意配偶诸般行动里可

能 "对别的男人有好感" 或 "有外遇嫌疑" 的蛛丝马迹。弗洛伊德就曾报告过这样的一个病例：

一位男士在婚后曾有一段婚外情，但后来因怕被发现而中断了。不久，他就注意到自己的妻子似乎对某个男人特别好，譬如和他 "坐得很近"、将手搭到对方的背上、"眉来眼去" 等。弗洛伊德说，这位男士其实是在 "暴露自己不忠的潜意识幻想"。

一场虚幻的逃亡

　　有妄想倾向的人，当外在情境改变时，他会一再反刍其可能的含意及动机，而由于其不信赖与怀疑的心性，他觉得这是对自己不利的讯号，在焦虑不安中，他会将环境中各种细微的、不相干的讯息"系统化"，或者以一个"妄想系统"来涵摄这些讯息，而贯穿这个系统的就是自己受迫害的思维。

他连夜开车到几百英里外的亲戚家，当亲戚们问他有什么事时，他却说不出口。因为他怀疑这些亲戚也已被国税局收买。

N君今年四十八岁，已婚，是某家财税会计顾问公司的职员。个性内向而害羞，甚至可以说有点忧郁，他唯一的嗜好是喜欢从事竞赛性运动的赌博。但因下的赌注都很小，所以输赢也都不大。

有一天，他忽然心血来潮，从他的储蓄中领出一大笔钱做赌注，押一队不被看好、但可得四倍奖金的足球队会赢。结果那队足球队居然打赢了，而他也获得了巨额的奖金。在赢钱后，他悄悄自我庆贺一番，但不久就越想越觉不安，因为这种赌博是违法的，他不知道要如何向妻子及朋友解释自己为什么会突然有这么多钱，更令他惊恐的是，他怕政府有关单位——特别是国税局会调查他，因为他过去在替一些公司行号做账时，曾和国税局有些过节。

赢钱是幸运的事，但却也是他不幸的开始。

第二天上班时，他发现有几个陌生人在他办公室外的走廊上徘徊，他们似乎在注意他。N君表面上虽力持镇定，但心里却惴惴不安，他认为这些人是国税局的人，他们显然已获得消息，而在对他展开调查。

当天晚上回家后，他发现家里的电话突然咔嚓一声，于是认为国税局已在窃听他的电话。在恐慌中，他突然兴起逃亡的念头，于是连夜开车到几百英里外的亲戚家。亲戚们对他在深夜突然出现感到大惑不解，吃惊地问他有什么事，但N君却说不出口，因为他怀疑这些亲戚也已被国税局收买。

最后，在极度惊恐与不安中，他同意住到医院里。

　　住院后，N 君仍一再怀疑国税局要采取不利于他的行动。在治疗过程中，医师终于慢慢了解到 N 君妄想的根源：原来在最近十五年间，N 君一直对国税局怀有敌意，因为国税局的官员在过去曾找过他的麻烦，他们说 N 君为其顾客所做的节税及免税措施是不当的、非法的，但 N 君坚信他的做法是对的，国税局根本是在找碴。

　　因为对国税局怀有很深的恨意，所以在自己的收入出现纰漏时，他即认为不怀好意的国税局将抓住机会迫害他。

　　这也是一个"妄想狂"的病例。N 君的症状以被害妄想为主，而他的被害妄想可以说是自己对国税局敌意的"外射"：在这种心理自卫机制下，"我恨国税局"变成了"国税局恨我"，他们正千方百计地要抓住我的把柄，好进一步迫害我。

　　有妄想倾向的人，当外在情境改变时，他会一再反刍其可能的含意及动机，而由于其不信赖与怀疑的心性，他觉得这是对自己不利的讯号，在焦虑不安中，他会将环境中各种细微的、不相干的讯息"系统化"，或者以一个"妄想系统"来涵摄这些讯息，而贯穿这个系统的就是自己受迫害的思维。周遭的相关人士被他的这种思维"组织"成一个"秘密的阴谋团体"，但因为这是他思维的虚构，所以通常被称为"伪阴谋团体"（pseudocommunity of plotters）。"阴谋团体"的组织会越来越庞大，因为所有被他怀疑的人最后都被他纳入这个团体中，有时候甚至还包括并不存在而纯属想象的人物。大家连成一气在对付他，他自觉处境越来越险恶，遂更加焦虑不安。

　　本个案中的 N 君，即经由关系妄想而将出现在公司走廊上的陌生人、电话局的接线生及他的亲戚们"组织"成一个"伪阴谋团体"，而其背后的首脑就是国税局。但客观而言，N君脑中的"阴谋团体"还不够"庞大"，最少他没有将医院里的医师及护士也"收编"进去，有些患者在住院后仍惶恐不安，因为他认为医师和护士也被"阴谋团体"所收买，甚至连来探望他的家人都是"阴谋团体"派人乔装的，目的是想"刺探"他的秘密。

在被害妄想的执念下，当事者通常不会坐以待毙，而会采取某些行动来保护自己或反击对方，N君所采行的"逃离"策略，可以说也是相当温和、消极的。有些患者则会采取较积极的策略：譬如有一位同样任职于会计顾问公司的男士，因为会计账簿上的一个小错误被发现而受到上司的责备，他感到不满，对上司发了不少牢骚，两人之间遂产生一种敌对关系。虽然账簿上的错误马上改正了过来，但他怒意难消，仍然继续批评上司，而上书议员、总统，说他的上司如何如何迫害他。后来，他被公司解职，四处找工作，但都找不到合适的工作，于是他又怀疑这是他以前老板的阴谋，教唆其他公司不要雇用他。最后，好不容易找到了一份工作，但仍认为以前的老板继续在想办法迫害他，所以仍然继续写信给议员，揭发他老板的阴谋。

有的患者甚至会采取"先下手为强"的激烈手段。譬如一个六十六岁的老妇人，自成年后，大部分的时间都过着独居的生活，一向就很多疑而畏缩。当她的听力变坏后，她开始认为偶尔在周末来找她聊天的某些亲戚，正计划要毒死她，然后取走她藏在屋内某处的金钱。有一个星期天，她的一位亲戚来找她，当这位亲戚准备告辞，弯下身向她吻别时，她突然拿出餐刀，想刺杀这位亲戚。亲戚大惊失色，连忙将她送到医院去接受检查和治疗。

在美国，曾有一位校长认为校董会连手在歧视他、反对他，因而开枪杀死了大多数的校董。另有一位妄想病患者则开枪打死了七个他认为在跟踪他的人。而怀疑配偶不贞以致杀伤或杀死配偶的丈夫及妻子更不知凡几。

基本上，妄想狂患者所进行的是一场"虚幻的战争"，而战争的导火线则是来自他"错误的信念"。

档案 42

手术房里的追杀

　　"情境性妄想症"亦称为"急性妄想反应"，它持续的时间通常不会超过六个月。其发病原因主要是患者突然面对一个威胁性的情境。移民者在初抵一个新的国家后，因为自己属于少数民族，再加上语言不通，生活习惯不适应，很容易产生孤立无援、被排斥的感觉，若再加上他原本就对别人缺乏基本信赖，那很可能就会演变成妄想狂。

在手术中，他的病人忽然发生难解的低血压危象，他觉得这是麻醉科医师在搞鬼，于是愤怒地拿着手术刀要追杀麻醉科医师。

I君今年二十八岁，是一位从中美洲到美国去的外科住院医师。最近，在一次手术中，他突然愤怒地拿着手术刀要追杀麻醉科医师，结果被安排到精神科接受治疗。

I君生长在一个富裕的拉丁家庭里，养尊处优，从没有做过家事。但他母亲却是个支配欲强的女暴君，并没有给I君太多的温情，甚至对他充满了鄙夷。因此，I君从小就显得多疑而自制。

上大学时，虽然家离学校不远，但I君却自己一个人搬到外面去住，这在拉丁美洲国家是一件异乎寻常的举动。大学毕业后，他就申请到美国去，接受外科住院医师训练。

初到美国时，他突然变得不知所措，不仅医院的工作繁重，连日常生活的基本需要都不知如何处理。他从未洗过衣服，英语又说得不好，再加上人生地不熟，产生很大的生活适应困难。

有一次，他到一家汉堡专卖店进餐，把"霍波"（whopper，特大号）的发音念成"虎波"（hooper，漏斗），结果引起排队购餐者的哄堂大笑，I君顿时窘得无地自容，心情恶劣地逃回自己的住处。

诸如此类的事，使I君变得越来越退缩、自闭。医院的工作也不顺遂，他开始怀疑医院里的其他住院医师阴谋对他不利，故意将一些棘手的病例推给他。他担心移民局的官员可能很快就会将他递解出境，而医院里的医师、护士和行政人员都和移民局的官员串通好，要找个理由将他赶出美国。

有一天，他为某个病人动手术，但在手术过程中，病人忽然发生难以解释的低血压危象，他认为这是麻醉科医师故意在搞鬼，所以就愤怒地拿着手术刀要追杀麻醉科医师。

在到精神科接受治疗后，医师认为他得了"情境性妄想症"，安排他住院。在住院三个月后，他对环境的适应已相当良好，对美式英语或美国文化的了解也大为增进，他的妄想症状也因此而烟消云散。虽然出院后在社交方面仍显得有些退缩，但却成功地完成了住院医师的训练，而没有出现进一步的困扰。

"情境性妄想症"亦称为"急性妄想反应"，它持续的时间通常不会超过六个月。其发病原因主要是患者突然面对一个威胁性的情境。移民者在初抵一个新的国家后，因为自己属于少数民族，再加上语言不通，生活习惯不适应，很容易产生孤立无援、被排斥的感觉，若再加上他原本就对别人缺乏基本信赖，那很可能就会演变成妄想狂。不过，如果患者能回到他所熟悉的环境中，或是对新环境能逐渐适应的话，他的妄想症状通常即可消失。

I君有的似乎就是这种情况。从他的症状里我们可以看出，他也将他的妄想系统化，而形成一个"伪阴谋团体"，医院里的医师、护士、行政人员和移民局的官员"连成一气"，彼此串通好，要将他赶出美国。每一个妄想狂患者"伪阴谋团体"的幕后首脑都不太一样，但通常反映了患者"心中的最怕"，有的是移民局，有的是国税局，但更多患者所怕的是调查局、警察机构、黑手党等。

急性妄想反应中的妄想内涵，有时候也反映患者心中所最期待的事。譬如下面这个病例：

一位三十三岁的男士，因一再窃盗而被判刑三年。在被关进监牢的第一天，就受到同室男犯的强暴（同性恋式的强暴）。结果狱方把他换到单人牢房。在这里，每天只有早上和下午四十五分钟的时间让他走出牢房，在监狱的庭院里散步，但和狱中其他人犯都没有过接触。在这种情况下，他产生了如下的妄想：认为因为自己受到强暴，州长觉得对不起他，而准备释放他。他向狱方询问州长何时要释放他。虽然狱方说根本没有这回事，但直到六个月后获得假释之前，他天天都这样深信着。

他的妄想内涵，显然就是希望摆脱监狱此一威胁性情境的外射。

档案 43

看不见的颜色

　　"自大妄想"是指对个人的重要性或身份过分夸大的妄念，譬如认为自己是"救世主""元始天尊的人间使者""亿万富翁"等，亦是妄想狂患者常见的一种妄想形态。它通常是为了逃避生命困境、掩饰自己的卑微无能，或者为"被害妄想"找理由（"阴谋团体"为什么千方百计要派害我？——因为我是一个重要的人物）的一种偏执思维。

他说他创造出以前从未存在过的颜色，而且以放射线理论来解释天候的异常及病毒的感染。而且，他还中了毒……

M君是一个四十岁的电子技师，对科学及发明有浓厚的兴趣，三年前，为了专事科学研究而辞去待遇不错的工作，但最近却因身体不适住进医院。他向医师抱怨说，当他以荧光管从事光学及颜色学的研究时，不小心中了毒，放射性物质固着在他的脑子和骨头里。

但经检查，并未在他脑中及骨头里发现放射性物质，而且医院发现M君所提出的科学理论怪异得很，似乎多属与事实相违的错误信念，于是在"妄想狂"的诊断下，让他住院。

M君是家中的长子，从小就对科学及汽车、飞机等科技产品非常着迷，在学校里，数学和物理是他最喜爱的两门功课，自己并订阅不少的通俗科学杂志。中学毕业后，他在一家无线电配件工厂当学徒，并利用晚上的时间上技工夜校，希望充实自己的科技根底，以便将来能一展所长。

十九岁时，M君的父亲不幸去世，整个家庭的生活重担一下子都落到他身上来。他颇受打击，但并不气馁，认为只要自己加倍努力，一定可以在科学领域里崭露头角。

二十六岁时，他结了婚，生了两个孩子。但他妻子却在他三十岁时因急性感染而死于心脏衰竭，这次的打击比父亲的死亡更为沉重，他显得有点心灰意冷，但不久就又化悲愤为力量，埋头于工作中。

其实，M君的工作并不起眼，他主要是在替顾客装配荧光灯管，但他深信小东西里面也可能隐藏了大道理，所以他潜心研究荧光的分解及如何使荧光获得最佳扩散的方法，他经常在灯管放电时打破灯管，看看"会发生什么事"；而且在感光底片上涂色，然后将它们暴露在阴极射线管的辐射中，以便研究颜色的分解。

后来，他声称他利用这种方法创造出了以前从未存在过的颜色。他觉得这是一项伟大的发现，为了全心投入他的研究，他辞去了工作。但在家里废寝忘食地工作了几个月后，他开始感到身体不适，他认为这是因为荧光管中的稀有气体在放电时产生活化放射性物质，而使他中毒的关系，中毒的症状包括疲惫、恶心、呕吐、鼻咽感染及头痛等。而且，他又从这里面得到灵感，以放射线活化理论来解释天气的异常及病毒的感染。

他认为这也是一个伟大的发现，而将这个发现告诉政府当局、科学相关团体及社会大众乃是他责无旁贷的任务，于是他开始将大量的信件、论文等寄往相关的单位。

因身体不适而住院后，M君仍深信他创造了以前从未存在过的颜色，他曾用他所谓的特殊技术画了一张画，但医师却无法从中看出有什么"以前从未存在过的颜色"。

M君所具有的执念，我们可以称之为"发明妄想"，它属于"自大妄想"之一。

"自大妄想"是指对个人的重要性或身份过分夸大的妄念，譬如认为自己是"救世主""元始天尊的人间使者""亿万富翁"等，亦是妄想狂患者常见的一种妄想形态。它通常是为了逃避生命困境、掩饰自己的卑微无能，或者为"被害妄想"找理由（"阴谋团体"为什么千方百计要派害我？——

因为我是一个重要的人物）的一种偏执思维。有些妄想狂患者，特别是学科学的人，则会认为自己为世人带来伟大的发现或发明，虽然在旁人眼中，这些发现或发明都是似是而非的伪科学产物，但当事者却对此深信不疑。从 M 君的例子我们可以看出，他透过此一执念而"确认"了自己的重要性，其潜意识的目的可能是为了逃避生活中接二连三的打击，以及掩饰长年来眼高手低、但一事无成的困境。

"发明妄想"也常会导致"被害妄想"，譬如下面这个病例：

某位工程师拟出了一个想消除旧金山浓雾的伟大计划，方法是以一系列的反射镜，利用太阳的辐射能来加热空气，而使浓雾往上飘。但当他信心十足地向公司提出这个计划时，公司却兴趣缺缺。在极度沮丧之余，他辞去了公司的职务，并扬言说公司里的同事眼光短浅，无法看出他这个计划的伟大性。

此后，他到处游说，想找一个有眼光的公司来实现他的计划，但都未能如愿。最后，他开始认为这些大公司正连手进行一个大阴谋，想从他这里偷取那个伟大的计划，好霸占整个计划的利益。在疑心生暗鬼的情况下，他觉得有人在跟踪他，于是他向警方报案，并希望警方采取行动，以保护他的安全。

不过话说回来，世界上有很多伟大的发明家及发现者，在尚未成功之前，经常被同代的人视为"精神有毛病"——也就是说有"发明妄想"。譬如发明飞艇的齐柏林，克雷契摩在提到他的故事时说："他（齐柏林）住在波登湖畔好几年，埋头制造飞艇……他以惊人的执着，一再试验，为了制造可以操纵的飞艇，不惜花费庞大的费用。当时，大家都认为要制造飞艇是不可能的事，甚至认为他是一个可怜的精神病患者，应该住到精神病院里去。可是，有一天，他终于成功了，昨天以前还被视为妄想的精神病患者，已被奉为'20世纪最有名的人物'了！"

像这类"发明妄想"的例子还很多，在尚未成功之前，周围的人们均认为那是荒谬的、不可能的、错误的信念，但有可能是当时所有人的信念都"错了"。因此，若只有单纯的"发明妄想"，我们有时候很难区别它到底是"妄想"或"梦想"，但如果伴有其他形态的妄想，如 M 君的"虑病妄想"，还有刚刚提到的那位工程师的"被害妄想"，则较能确定其"发明"乃是他整个妄想系统中的一环。

档案 44

女作家的爱情妄想

　　有爱情妄想的人，通常是自我评价低、本身乏善可陈的人，当他爱上一个在各方面比自己好很多的人时，他不敢承认这点，而将这种心思"外射"到对方身上，结果就变成了"不是我在爱他，而是他在爱我"，于是开始从各种琐事中去寻找"对方在爱我"的线索。

　　S女士说，那位有名望的英俊男人以各种方式向她示爱，她不知道自己是否应该对他的进攻有所回应。最后……

　　S女士是一个四十八岁的女作家，她说她正为情所苦。一个原本深爱着她的男人最近对她由爱生恨，一再地伤害她，而使她痛不欲生。精神科医师原本以为又遇到一个爱情苦命女，但细听之下，却发现她的爱情故事居然比她所写的小说还要来得虚幻。

　　以下是S女士的自述：

　　她的爱人是一位律师，曾当过议员，在社会上颇有名望且受人尊敬。在以前，S女士只能站在远处，以倾慕的眼光欣赏他那英俊潇洒、威风凛凛的神采，不敢有什么奢想。但几年前，一次难得的机会终于使他们有认识的机会。S女士说，当两人的眼光碰在一起时，她感到全身战栗，觉得一场非常罗曼蒂克的恋爱就此拉开了序幕。她一开始就喜欢他，而他也是一样，彼此似乎心有灵犀一点通。

　　S女士说，在接下来的一两年里，对方以各种方式向她表示他对她的深情，譬如当她去找他时，他会将在旁边的人支使开去，"只是因为他想和我单独在一起"；"他有礼貌地对我献各种殷勤，让我了解到我们的感情是相互的"；"他告诉我他是独身"；又譬如教区的乐队在游行时经过她的住处，S觉得"这是他特别为她安排的"；当她看到他路过时，觉得他一再地徘徊于她的窗前，"守着窗子守着她"。

　　当她透露得越多，医护人员越了解到，这些其实都是S女士对一些稀松平常的讯息所作的"过度解释"。但在这种一厢情愿的解释下，S女士觉得自己充满了幸福，而"不知道自己是否应该对他的进攻有所反应"。最后，也许是怯于向对方示爱，或是只得到冷淡的响应，她竟又开始认为对方心里充满了妒火，因为"他相信我对另一个男人表示了好感"，"相信我在拒绝他"，于是由爱生恨，对她采取报复行动，"在我的照片上施了符咒要伤害我"，"我的不幸遂由此而生"。

爱情虽然多少含有幻想的成分，但像S女士这样，对各种蛛丝马迹所做的过度且一厢情愿的解释，已超出幻想而达到妄想的地步。这种妄想，我们可以称之为"爱情妄想"。

有爱情妄想的人，通常是自我评价低、本身乏善可陈的人，当他爱上一个在各方面比自己好很多的人时，他不敢承认这点，而将这种心思"外射"到对方身上，结果就变成了"不是我在爱他，而是他在爱我"，于是开始从各种琐事中去寻找"对方在爱我"的线索。就像S女士一样，任何微不足道的事情都变成含有"向她示爱"的深意，在这种关系妄想的网络中，当事者会越陷越深，终至不可自拔。

有一位四十三岁的女记者，个人的婚姻生活并不美满，当她被分派到市政新闻的采访工作后，因经常有和市长碰面的机会，而开始认为市长在爱她。她觉得市长常向她眉目传情，利用各种细腻的暗号向她示意，传递他对她的爱。这跟S女士的爱情妄想可以说如出一辙。所不同的是，这位女记者在一次市政会议结束后，勇敢地走到市长面前，说市长既然这样爱她，那么就应该当众公布他俩的恋情，不必再如此偷偷摸摸，彼此折磨。市长当然是大吃一惊，满头雾水，但担心变成一则丑闻，而慎重地请律师出面，这位律师很明智地将她介绍到精神科医师处。但在治疗后，这位女记者仍然相信市长深爱着她，只是为了面子问题而不敢公开承认而已。

　　S女士认为那位律师对她"由爱生恨"，似乎是多了一层被害妄想，但本质上还是认为对方"深爱着她"，否则怎么会由爱生恨呢？这种爱情妄想相当执拗，也许只有时间才能使它淡化。

档案 45

三个自称是"耶稣"的人

　　认为自己不是原来的自己，而是另一个人，属于"身份妄想"。这种"身份妄想"经常有夸大的倾向，他的"新身份"通常比"旧身份"要来得好，所以也算一种"自大妄想"。病人的"身份妄想"也常会反映他的宗教信念，譬如认为自己就是某些"神"，因此，这一类的妄想也称为"宗教妄想"。

当三个"耶稣"聚首一堂时，每个人都坚称自己才是"唯一的救世主"，但并不互相敌视，相反地，在某些方面他们还表现出类似的见解。

1960 年，在密歇根某家精神病院的同一栋病房里住了三个男病人，奇怪的是，三个病人都自称是"耶稣基督"。

第一位"耶稣"原名 J 君，是一个聪明而嗜读的人，说话具说服性，有时让人难以反驳他妄想观念的前提。譬如他除了自称是"耶稣基督"外，也认为自己是伊利诺伊州的州长，但这两种身份对他并不构成矛盾，他说"耶稣"也必须谋生，伊利诺伊州州长就是他谋生时的职业。

第二位"耶稣"原名 L 君，他原是一个《圣经》学者，非常具有想象力及诗意，对人类的行为观察入微，但他"不喜欢观察别人不当的行为……因为（他认为）凡观察的必已涉入"。他在解释英国诗人柯律治的一首诗时，像一个弗洛伊德主义者，他说诗中的"洞穴"等于"子宫"，"河流"等于"阴茎"，"冰洞"等于"性冷感的女人"。

第三位"耶稣"名叫 C 君，可能是三个人中较平庸的。研究人员有一次问他："你在天堂住过吗？" C 君说："小时候住过，但我较喜欢住在地球上，我想大多数人也喜欢住在地球上。我控制一大笔钱——三千零三十一亿六千万美元——我正在快乐山附近建造一个天堂天国。"

社会心理学家洛基奇（M.Rokeach）曾研究过三位病人，他经常让三位"耶稣"聚首一堂，结果三个人都坚称自己才是"唯一的救世主"，而对其他两位"耶稣"没有太高的评价，但也不敌视；相反地，颇为关注其他"耶稣"在做什么。在某些方面，他们还表现出类似的见解，譬如他们对药物治疗的信心都相当有限。L君说，"那些医师认为药物可以除去心理因素，但自我是超出一切振动之上的"；J君也同意说，"你不能将一个人的心灵放在试管中"。

基于个人研究上的兴趣，洛基奇做了不少现在被视为违背医学伦理的事，他常威逼利诱病人放弃他们的妄想，但病人宁可受苦，也不愿放弃他们的信念。当三个"耶稣"聚首一堂后，曾引起一些生活上的冲突，不过三个人仍然希望在一起，似乎是为了满足他们空虚、孤独生活中的强烈需求，最后，三位"基督"还采取联合阵线，抵制、对抗洛基奇的图谋。

洛基奇曾将他对三位"耶稣"的研究结果出版专书，值得一提的是，该书再版（1981年）时，L君仍然住在该精神医院里；C君已出院，由其家人照顾；而J君已死亡。洛基奇在再版序里说，多年前他在某次演讲时说溜了嘴，说成某医院里有"四名基督"，他因此类似自我告白地说："在我无法治疗那三位基督，让他们摆脱他们的妄想时，他们却成功地治疗了我自己的妄想——我企图借助如全知全能的神般的力量重新安排他们的生活并改变他们。我觉得我没有权力借科学之名而扮演神……我越想越不安，当我留下他们过平静的生活时，我个人即得到了治疗。"

认为自己不是原来的自己，而是另一个人，属于"身份妄想"。这种"身份妄想"经常有夸大的倾向，他的"新身份"通常比"旧身份"要来得好，所以也算一种"自大妄想"。病人的"身份妄想"也常会反映他的宗教信念，譬如认为自己就是某些"神"，因此，这一类的妄想也称为"宗教妄想"。

从心理学角度来看，含有宗教及自大色彩的身份妄想，可能是病人为了摆脱其无法承受的心理困境而产生的对策；从生理学来看，可能跟病人脑中神经传导媒的异常代谢有关；两者经常互为表里。在多神信仰的社会里，病人认为他是"某某神"的机会较少有雷同的机会，譬如在台湾，有的病人认为他是"元始天尊""大罗神君""齐天大圣"等；有的则认为她是"观世音""妈祖"等。但在一神信仰的社会里，譬如在基督教和天主教里，能称得上"神"的只有三个：上帝、圣母玛丽亚和耶稣基督，因此，病人身份妄想雷同的机会相对地就比较大。除了本档案中的这"三位耶稣"外，另有一家病院也曾同时出现两位自称是"圣母玛丽亚"的女性病人。

多年前，知名的披头士歌手列侬被一个叫查普曼的人暗杀，事后经精神科医师鉴定，查普曼具有"我就是列侬"的身份妄想。查普曼原是列侬的歌迷，在列侬退隐年间，他开始学习列侬，连日常生活的细节都模仿列侬，"我就是列侬"的妄想为他沉闷无趣的生活增添了不少乐趣和光彩。但等到列侬再度复出后，查普曼即产生严重的认同危机，他再也无法退回查普曼原来的身份和生活中，于是他只好去枪杀那个真正的列侬。

这个悲剧恐怕是列侬连做梦都想不到的。